Cahiers libres

Catherine Le Gall

L'imposture océanique

Le pillage « écologique » des océans par les multinationales

La Découverte

L'édition de cet ouvrage a été assurée par François Gèze.
Pour les références en note des documents cités disponibles en ligne, les adresses url correspondantes sont données dans leur version raccourcie produite grâce au site non marchand <s.42l.fr>.

Composé par Facompo à Lisieux
Création graphique de la couverture : Valérie Gautier
Dépôt légal : octobre 2021

ISBN 978-2-348-05936-0

À Alice et Anna, mes petites sirènes
À Stéphane, mon fidèle corsaire

À ma famille de sang et ma famille de cœur

« La vraie spiritualité consiste à être conscient du fait que, si une relation d'interdépendance nous lie à chaque chose et à chaque être, la moindre de nos pensées, paroles ou actions aura de réelles répercussions dans l'univers entier ».

Sogyal Rinpoché
Le livre tibétain de la vie et de la mort

Introduction

La mer en héritage

Je me promène sans but sur le port du Guilvinec (Finistère Sud). Le ciel est gris et les quais sont déserts. Les marins sont partis en mer, certains pour la journée, d'autres pour deux semaines. Prise d'une vague de nostalgie, je me souviens de ces après-midis d'été où, adolescente, j'assistais au retour des bateaux de pêche. Il y avait foule, les touristes se pressaient pour assister au débarquement des caisses de poissons. Les lottes, les maquereaux, les lieus frétillaient. Leurs yeux étaient vitreux, leur bouche s'ouvrait, se fermait, s'ouvrait encore. J'imaginais leur peur, leur manque d'oxygène, leur sensation de mort qui approche. Pourtant, le soir, je piquais ma fourchette dans la chair des sardines au beurre que me préparait ma grand-mère. Avec une petite tomate et quelques grains de sel.

Pas un pêcheur à l'horizon en ce jour gris et nuageux. Seuls quelques papis à casquette en feutre, le dos voûté et le pas lent, à la recherche de leur jeunesse. Comme moi, ils se remémorent la belle époque, celle où les langoustines leur permettaient de construire des maisons en pierre et de conduire de grosses voitures. Il est bien fini ce temps-là.

L'avenir de la pêche est incertain... En tous les cas, c'est ce qu'ils pensent. Alors ils promènent leur regard sans sourire sur les câbles et les filets qui traînent sur les quais. Incapables de rester à la maison pour lire le journal ou jouer au Scrabble, tous les jours, à la même heure, ils enfilent leur paletot pour retrouver les leurs à la criée du Guilvinec. Il fait toujours bon être avec les siens et se répéter, encore et encore, des histoires qu'on connaît par cœur.

Le visage en plein vent, moi aussi je ressasse... Je pense à ma grand-mère qui se levait à minuit pour aller travailler au port de Saint-Guénolé, à quelques kilomètres d'ici. Enfant, lorsque je venais en vacances, je dormais dans sa chambre et, malgré ses efforts pour ne faire aucun bruit, je l'entendais se lever. La veille, elle préparait ses habits et les pliait sur une chaise. Elle n'avait plus qu'à les enfiler et s'éclipser discrètement... Dans le brouillard de mon sommeil, je percevais le grincement léger de la poignée de porte. Elle buvait un café bien chaud, en versait dans sa thermos, mettait une veste et sortait pour attendre sa copine Renée qui passait la chercher en 4L. Puis, toutes deux passaient des heures sous la criée, debout, en rang, au milieu d'autres femmes. Elles attrapaient les poissons fraîchement pêchés, les triaient et les rangeaient dans de grandes caisses en plastique gris et bleu remplies de glace. Ainsi conservés, les poissons étaient envoyés aux quatre coins de France dans des poissonneries, des restaurants ou des usines.

Au début, m'a-t-elle raconté, elles pouvaient blaguer, rire, chanter. Puis, au fur et à mesure, les cadences se sont accentuées et les contremaîtresses se sont durcies. « Tu te rends compte, s'indignait-elle, il faut lever le doigt si on veut aller au petit coin. » Le travail harassant mais aussi les épreuves de la vie, les maladies et les chagrins ont fini par avoir raison de sa gaîté. Le médecin de famille l'a mise en retraite anticipée… Elle n'a pas quitté le port pour autant. Souvent, en fin de journée, munie d'un panier, elle allait acheter poissons et langoustines « au cul du bateau ». Je l'accompagnais, arrimée à sa main, découvrant le monde de la pêche à hauteur d'enfant. De là, tout me paraissait énorme, joyeux et bruyant : les Fenwick qui se frayaient un passage parmi la foule pour atteindre les bateaux et débarquer la pêche ; le claquement des caisses de poissons sur le bitume ; l'accent bigouden des marins qui s'interpellaient ; l'odeur âcre et humide de la criée pleine de monde ; la voix du crieur, amplifiée par un mégaphone, qui vendait aux enchères la pêche du jour. Et tous ces hommes massés autour des caisses, qui l'écoutaient d'un air concentré. Tour à tour, ils levaient la main pour signifier qu'ils achetaient ou se retiraient de la vente. Un étrange manège dont les règles m'échappaient.

Ma grand-mère circulait dans ce brouhaha comme si elle était chez elle, adressant un sourire par-ci, un mot par-là. Au fond de la criée, elle pesait le panier rempli de langoustines, de lottes ou de maquereaux sur une grosse balance. Elle tendait un billet, échangeait une poignée de main et nous faisions demi-tour. Je m'installais dans la voiture avec la perspective d'un bon repas. Voilà, pour moi, ce qu'était le monde de la pêche.

Bien plus tard, quand je suis revenue au pays et que j'ai repris la maison de mes grands-parents pour l'habiter, je me suis rendu compte que j'avais d'autres connexions avec les marins. C'est ce que j'ai découvert dans les archives qui m'attendaient au grenier. Je savais que mon arrière-grand-père était officier dans la marine marchande, mais j'ignorais que mon arrière-grand-mère, Marie-Jeanne, avait également un lien avec la mer. Jusque-là, je pensais qu'elle était une commerçante de bourg, une couturière qui, aidée d'une armée de petites mains, fabriquait des habits traditionnels bigoudens. Une terrienne, ancrée au rivage. Pourtant, comme c'était l'usage, elle avait pris des parts dans les sardiniers du coin. Dans une lettre datée de 1927, elle se plaint de la grève d'une partie de l'équipage pour protester contre la baisse des prix. À cette époque, la pêche était l'activité principale en pays bigouden. Les bateaux aux grandes voiles rouges s'agglutinaient, flanc à flanc, au port de Saint-Guénolé. Dans les pentys, ces maisons en pierre aux étroites fenêtres, on était pêcheurs de père en fils. Investir dans les bateaux, c'était soutenir l'économie locale, faire partie, même de loin, de ce milieu d'aventures et de labeur.

Les archives familiales ne révèlent pas ce que Marie-Jeanne a fait de ses parts. Sans doute les a-t-elle revendues… Mais elle a toujours gardé un lien avec la pêche. Plus tard, quand son fils s'est marié et que sa toute jeune femme, ma grand-mère, a monté un commerce dans la maison, Marie-Jeanne a tenu un bar de l'autre côté du couloir. Un bar à la bigoudène : sol en terre battue, zinc et quelques bouteilles. À l'aube, les marins passaient là avant d'aller en mer, histoire de se jeter un coup de chaud dans le gosier pour évacuer le froid et la peur. Avant d'avaler leur canon, ils gobaient un jaune d'œuf pour se tapisser l'estomac, encaisser les coups de grisou et autres verres à venir. En ce temps-là, il n'était pas rare que les pêcheurs boivent jusqu'à quatre litres de vin par jour.

Puis Marie-Jeanne a pris sa retraite. Elle a vu ses petits-enfants et ses arrière-petits-enfants grandir. Elle nous a baladées en poussette, ma sœur et moi, l'allure altière, avec sa haute coiffe posée sur la tête. Elle nous a chanté des comptines bretonnes, donné des pastilles Valda en cachette, autorisées à fouiller dans ses armoires. Elle s'est éteinte à quatre-vingt-neuf ans, me laissant le souvenir d'une femme imposante. Le lien à la mer s'est perpétué dans la famille…

Mon grand-père Timothée a travaillé aux affaires maritimes du Guilvinec, premier port de pêche artisanal de France. En fin de carrière, ma grand-mère a mis du poisson en glace. Puis leurs enfants, mon père et mon oncle, ont quitté le pays jeunes, à la recherche d'un boulot que la côte bigoudène ne pouvait leur donner. Et voilà, plusieurs décennies plus tard, je prends le relais.

J'habite, avec mon compagnon et mes filles jumelles, dans la maison que Marie-Jeanne a construite. Depuis les fenêtres de l'ancien grenier, comme mes ancêtres avant moi, je regarde les bateaux partir en mer tôt le matin. Dans la nuit noire, je distingue leurs lumières qui clignotent et devine leurs silhouettes. Parfois même, en fonction de la direction du vent, je perçois le ronronnement familier de leurs moteurs, mélodie qui accompagne mon sommeil depuis toute petite. Leur présence me rassure. J'aime savoir que le monde qui m'entoure est en activité. J'aime imaginer les marins vaquer à leurs affaires, sur le pont ou dans la cabine, leur esprit à l'affût et leurs gestes précis, tandis que je suis encore au chaud. Et la mer, vaste autour d'eux, à laquelle ils consacrent leur vie.

Je sens quelques gouttes sur mon visage… Je suis arrivée près du phare rouge et blanc du port du Guilvinec. Celui qui figure sur toutes les cartes postales, au pied duquel j'allais me réfugier, adolescente, pour regarder les bateaux passer. De retour au pays, après plus de quinze années à Paris, je suis tout de suite allée sur le port humer les odeurs, écouter le cri des mouettes, le cliquetis des mâts dans le vent, admirer les bateaux à quai, entendre la voix des pêcheurs au boulot. J'avais un peu oublié ce monde qui m'était si cher.

Là-bas, entourée de béton et d'immeubles, le monde de la pêche me paraissait bien loin. Petit à petit, les marins sont devenus de vagues personnages rangés dans la catégorie souvenirs. En 2013, une BD a définitivement altéré les dernières images qui me restaient : à la demande de l'ONG Bloom, qui entend œuvrer en faveur des océans et des espèces marines, la dessinatrice Pénélope Bagieu avait publié sur le Net une série de dessins pour montrer les dangers de la pêche en eaux profondes[1a]. Elle expliquait, de manière assez drôle, la manière dont les pêcheurs ravageaient les grands fonds avec leurs énormes chaluts, ramassant tout sans distinction, notamment des espèces qui mettaient un temps fou à se reproduire et dont la capacité de renouvellement était dramatiquement menacée. Avec la montée des menaces climatiques, la diminution des ressources halieutiques et l'émergence d'une forte conscience environnementale, les pêcheurs du Guilvinec, ces héros de mon enfance, ont brutalement changé de statut. Ils étaient accusés d'avoir dévasté les fonds, d'être les principaux responsables du dépeuplement des océans. Ces hommes, anciens compagnons de route qui peuplaient mon histoire familiale, étaient désignés comme des assassins. Les marins, brigands de la mer.

Si bien que, la première fois que j'étais allée voir les pêcheurs dans le cadre d'un reportage en 2019, j'avais changé de regard[2]. Elle était bien loin cette petite fille, impressionnée et admirative devant ce monde à la fois familier et inconnu. J'avais l'impression d'avoir en tête tous les enjeux du secteur : la surpêche, le ravage des fonds, la crise économique. Simplement, au lieu de rencontrer des criminels, j'avais rencontré des hommes. Des gars qui donnent tout pour leur métier, conscients des problèmes écologiques, qui triment sur leurs bateaux et se demandent de quoi demain sera fait. Au début de

a Toutes les notes de référence sont classées par chapitre, en fin de ce livre, p. 223 *ssq.*

nos échanges, ils se montraient méfiants. Puis ils se sont ouverts et m'ont parlé de leur quotidien, de leurs peines et de leur souci d'image. Ils étaient particulièrement remontés contre les ONG. Bloom, déjà, qui était à l'origine de la BD de Pénélope Bagieu. Mais aussi l'organisation internationale Sea Shepherd qui les filmait sans relâche pour montrer la manière dont ils capturaient des dauphins qui se prenaient accidentellement dans leurs filets. Le discours dénonciateur des activistes de la très médiatique Sea Shepherd tournait en boucle sur les chaînes de télévision. Mais il y avait aussi WWF ou encore The Nature Conservancy, une ONG américaine, qui voulait construire des « aires marines protégées » d'où pouvaient être exclus les pêcheurs.

Ils sentaient leur profession menacée par des ONG qui leur paraissaient loin de leur univers, connectées à de grands intérêts financiers. Intriguée par leurs discours, j'ai découvert la thèse qui circulait alors dans le coin, portée par des « lanceurs d'alerte » précurseurs. En 2014, Yann Giron, consultant spécialisé en pêche maritime professionnelle, détaillait sa théorie dans une longue conférence intitulée « Allons-nous vers une privatisation des océans ? », à la Maison de la mer de Lorient[3]. Il y relayait les conclusions fondées sur ses propres recherches mais aussi sur un rapport réalisé avec Alain Le Sann, président du collectif Pêche et Développement, publié en 2012, *Blue Charity Business*[4]. Selon eux, les pêcheurs étaient les cibles d'un mouvement d'accaparement qui conduisait à les évincer de leurs zones traditionnelles au profit d'activités industrielles. Et en 2016, un documentaire télévisé de la réalisatrice Mathilde Jounot, *Océans. La voix des invisibles*, qui avait eu beaucoup de succès auprès des marins, avait repris ce discours qui établissait des liens entre le monde des affaires, certaines fondations philanthropiques et les ONG[5].

Sous le ciel sombre, face à la mer, je reste pensive. Après avoir vu les pêcheurs comme des héros, puis des assassins, voilà qu'ils se présentent à moi comme des « victimes » collatérales d'un discours écologiste qui les désigne comme les principaux responsables des maux actuels qui dévastent les océans. Qu'en est-il vraiment ? Quelle place ont les pêcheurs dans la tragédie qui se joue aujourd'hui sur les mers ? Les yeux plongés dans la ligne d'horizon, je me dis que l'océan paraît bien tranquille. Vu d'ici, il est à peine croyable qu'une bataille se joue sur cette vaste étendue bleue. Et pourtant…

Les Nations unies prennent le sujet au sérieux. Depuis 2018, elles mènent des négociations internationales pour aboutir à un traité concernant la haute mer, qui se trouve au-delà de 370 km des côtes et qui couvre 60 % des océans du globe. Il s'agit de protéger la biodiversité dans cet espace partagé par tous, où on peut naviguer librement et qui attire les convoitises des industriels. L'enjeu est de créer des zones de protection, des « aires marines protégées » (AMP), et d'établir des règles régissant l'accès à la propriété des ressources génétiques marines. Le dernier traité juridique concernant la mer remonte à 1982, avec l'adoption de la convention de Montego Bay, qui n'est entrée en vigueur qu'en 1994. C'est à elle que l'on doit la création des zones économiques exclusives (ZEE), délimitées par les 200 miles nautiques à partir des côtes (370 km), où les États peuvent exercer des activités à finalité économique[6]. Les discussions à l'ONU devaient aboutir fin 2020, mais elles ont été perturbées par la crise sanitaire. En attendant, deux camps s'opposent : certains pays, comme la France, préconisent un partage des ressources ; tandis que d'autres, comme les États-Unis, y sont réticents[7].

Il est vrai que les mers recouvrent une infinie richesse. Les hommes ont détruit la Terre, les océans apparaissent comme une nouvelle promesse. Le dernier espoir de l'humanité pour continuer à prospérer. Les enjeux sont essentiels pour la France, puisque, avec 11 millions de km^2, elle possède la deuxième façade maritime au monde (derrière les États-Unis). Et si les marins avaient raison ? Et s'ils étaient les victimes d'une guerre d'un nouveau genre ? Entre industries, banques, financiers et conquérants en tous genres qui convoitent ce nouvel eldorado encore largement inexploré ?

Sans m'en douter, je m'embarquais pour un long voyage. Qui allait me mener du port du Guilvinec à Rio, des plages de La Torche à Genève, en passant par le Sénégal et les Seychelles. Qui allait me faire rencontrer des acteurs et professionnels passionnants, comme Ronan Le Corre, pêcheur de tellines ; Geneviève Arzul, chercheuse en écotoxicologie côtière ; Maurice Strong, ancien secrétaire général de la conférence des Nations unies sur l'environnement ; Steven Lutz, responsable du programme Blue Carbon ; Lamya Essemlali, représentante de Sea Shepherd en France ; ou encore Melissa Garvey, responsable de la protection des océans à The Nature Conservancy.

La lumière décline en cette fin d'après-midi, je rebrousse chemin. Bientôt, les premiers bateaux rentreront et le port sera de nouveau animé. Un long travail m'attend pour saisir les enjeux de cet univers qui m'est encore étranger. Après ces années à fréquenter les ports, les plages et la côte bigoudène, j'ai le sentiment d'être restée à la porte du milieu maritime. Il est temps de s'affranchir des seules apparences et de tenter de comprendre quel est l'avenir des océans et celui de la communauté locale à laquelle désormais j'appartiens. C'est de cette enquête que ce livre entend rendre compte.

I

La mer, nouvel eldorado

1

À bord du *Cyrus*, des pêcheurs en première ligne

Je décide de renouer avec le monde qui m'était si cher autrefois et de franchir, enfin, la frontière entre les terriens et les marins. D'expérimenter, ne serait-ce qu'un jour, la sensation d'être en mer. Au moment de monter à bord du *Cyrus*, en juillet 2020, j'éprouve une certaine appréhension. Thierry Le Mogne, le patron qui a accepté de m'accueillir, me conseille de bien manger avant de partir. « Le temps sera clément, m'assure-t-il, juste une légère brise en début de matinée. » Le rendez-vous est donné à 3 h 15 du matin sur le quai de Saint-Guénolé, à quelques kilomètres du Guilvinec.

Pêcheur, une profession mal aimée

Lorsque j'arrive au port, le temps est calme, le ciel étoilé... La haute silhouette du phare d'Eckmühl, toute proche, projette son faisceau lumineux toutes les quatre secondes. Thierry Le Mogne gare son estafette en face du chalutier. Sur son flanc blanc et bleu, les initiales GV indiquent qu'il appartient au quartier maritime du

Guilvinec, premier port de pêche artisanale de France. À bord, l'équipage est déjà à l'œuvre, éclairé par la lumière crue de deux énormes spots. Je rejoins Thierry qui s'est installé dans la cabine : « Prête ? » Sa voix chaleureuse, son sourire et ses cheveux poivre et sel me donnent confiance aussitôt. Il contrôle les écrans et les réglages. 3 h 30, c'est parti, il met les gaz, direction la zone de pêche à une heure et demie de là. Près de lui, Sylvain, le mécano, un brun taiseux, allume une clope avant de descendre au carré préparer un café. Clément, le second, bavard et vif, reste discuter dans la cabine tandis qu'Ewan, le jeune apprenti, les écoute d'un air rêveur.

Enivrée par le sel et les embruns, je file à la proue du bateau qui trace vers le large. Je m'accroche au bastingage, scrute le noir à l'horizon quand mon attention se laisse happer par un étrange ballet... Les dauphins, matinaux eux aussi, escortent le navire. Ils sont plus d'une vingtaine et se déplacent à une vitesse stupéfiante. Certains nagent sous la coque, d'autres filent à ses côtés en faisant des bonds qui produisent des filets d'écume blanche. Le ciel est sans lune mais, grâce au plancton bioluminescent, les ombres des dauphins se détachent de la noirceur de l'eau dans une sorte de halo vert fluorescent. Au bout d'une vingtaine de minutes de spectacle aquatique, les dauphins disparaissent aussi vite qu'ils étaient apparus. Un miracle océanique qui a échappé au regard de l'équipage.

De retour à la cabine, je vois que Sylvain est de quart. C'est lui qui surveille le cap du navire pendant que les trois autres marins profitent d'un bref répit. Ils sont descendus dans le ventre du bateau et, après avoir enlevé leurs bottes, se sont enfoncés dans le moelleux de leur couchette. Je les rejoins. Bercés par le bruyant roulis du moteur, nous pouvons ainsi sauver de petites heures de sommeil... Pendant ce temps, Sylvain remplit soigneusement une fiche qui répertorie les espèces pêchées la veille. Ce recensement permet de vérifier le volume de pêche prélevé. Pas question de dépasser le volume défini par les quotas : même s'il est seul en mer, le marin demeure très contrôlé.

5 heures. Le moteur s'arrête net et une sonnerie stridente retentit. Le *Cyrus* est arrivé sur zone, la journée peut démarrer. Les dormeurs sautent dans leurs bottes et gravissent l'échelle. Chacun regagne son poste : les matelots sur le pont et Thierry dans la cabine, à la manœuvre. Il doit délivrer le chalut qui se trouve dans l'enrouleur, cet énorme treuil situé au cul du bateau. Lentement, sous la lumière des projecteurs, l'immense filet se déploie et s'enfonce dans la mer. D'abord, on aperçoit sa bouche gigantesque entourée de bouées jaunes, puis plus rien. Le chalut va faire son œuvre, tiré par le bateau trois heures durant dans les fonds marins.

Dans la cabine, Thierry scrute ses écrans. L'un indique le trafic en mer : de grandes lignes jaunes, rouges ou vertes dessinent les trajectoires de navires à proximité. L'autre informe sur l'activité du chalut : il descend à 84,5 mètres de profondeur. Sa gueule de quarante-trois mètres de large est maintenue ouverte par d'immenses panneaux métalliques latéraux. C'est ainsi que lottes, Saint-Pierre, merlus et roussettes se retrouvent emprisonnés dans ses mâchoires. Ce butin tant convoité par Thierry et son équipage. Pendant le trait de chalut, durant lequel le vaste filet sonde les fonds marins, Clément, Sylvain et Ewan savourent deux dernières heures de sommeil. Thierry reste arrimé à sa cabine : être le patron a aussi ses inconvénients.

Installé dans un confortable fauteuil, le regard au large et l'instinct en éveil, Thierry paraît songeur. « Nous sommes une profession mal aimée », me confie-t-il soudainement. Derrière ses épaisses lunettes, les yeux du patron se voilent. « Les gens s'intéressent à notre métier, certains ont même du respect. Mais on nous reproche de massacrer les fonds marins et de décimer les dauphins. Ça, c'est vraiment dur. » D'une main experte il tourne le gouvernail, observe les écrans et soupire : « Tout a commencé avec cette campagne de l'ONG Bloom contre les chalutiers en eaux profondes. Les citadins, qui ne connaissent pas notre métier, ont mélangé tous les types de chaluts, même ceux des côtiers. Ça nous a fait beaucoup de tort. » Dehors, il fait toujours nuit noire. La couleur des yeux de Thierry tandis qu'il pense à Bloom.

Il faut dire que certaines ONG consacrent beaucoup de temps et d'énergie pour dénoncer la profession. Une femme a tout particulièrement marqué l'esprit des marins : Claire Nouvian, ancienne productrice et réalisatrice de documentaires animaliers, devenue la redoutée présidente de l'ONG Bloom. Très médiatique, elle délivre son message avec une indignation sincère, la voix et le regard emplis de colère et de désespoir. Il se dégage de ses propos une foi totale en sa cause, comme si elle avait dédié sa vie aux raies mantas et aux sabres noirs. D'ailleurs, c'est un peu ainsi qu'elle se raconte. Lors d'interviews, elle aime revenir sur le moment où elle a eu une révélation en 2001, à l'aquarium de la baie de Monterey, en Californie : « J'ai pris une sacrée claque, explique-t-elle à *TerraEco* en 2013. Non seulement il y avait des formes de vie que je ne connaissais pas, mais j'étais en plus passée à côté du plus grand habitat de la planète[1] ! » Depuis, elle a décidé de consacrer toute son énergie à la défense de ce peuple invisible qu'elle estime être en danger à cause des pratiques de pêche. Une longue croisade qui a débuté en 2004, l'année où elle a créé l'association Bloom « pour lutter contre l'injustice faite aux océans et, par ricochet, aux humains[2] ». Depuis lors, elle martèle ce discours qui blesse tant Thierry et ses camarades.

C'est en 2013 qu'a été lancée la fameuse campagne contre les chaluts en eaux profondes dont parle le patron pêcheur. Publiée en novembre, la BD de la dessinatrice Pénélope Bagieu a vite circulé sur les réseaux sociaux[3]. Le succès a été immédiat. « Déforestation », « baisse de 90 % de la population de certains requins d'eau profonde en quinze ans », « chalutage 3 000 fois plus destructif que n'importe quelle activité marine humaine » : les formules frappent fort et heurtent l'opinion publique. Dans le viseur, la Scapêche, une flotte de chalutiers du distributeur Intermarché dont les filets descendent à plus de 1 000 mètres de profondeur. La bande dessinée de Pénélope Bagieu a touché des milliers de lecteurs qui vont vite amalgamer les différents types de pêche : le chalutage en eaux profondes (au-delà de 800 mètres), le chalutage de fond et le chalutage pélagique (en pleine eau).

L'ONG Bloom cible les pêcheurs

Thierry s'en souvient encore. Mais ce n'est pas le moment de se laisser emporter par le vague à l'âme. L'aurore pointe, il coupe le moteur et déclenche le signal perçant de la sonnerie pour réveiller les gars. Il est l'heure de relever le chalut. Au loin, on distingue les lumières électriques de la côte où dorment encore la majorité des terriens. Sylvain, Clément et Ewan ont enfilé leurs cirés et leurs bottes. Ils ont relevé leur capuche pour se protéger la tête. Ils manient des câbles lourds, accompagnent des manœuvres délicates, une erreur est vite possible. Ils sont fin prêts, regard concentré et pieds écartés au cul du bateau. Ils vont enfin savoir si la pêche a été bonne et si la paye le sera aussi. Le treuil est enclenché, tire les énormes câbles qui tiennent le chalut. Lentement, le filet s'enroule, remontant dans ses mailles des hôtes qui n'étaient pas invités. Des étoiles de mer, des sardines au corps abîmé, des poulpes… On arrive en fin de manœuvre, le fond du chalut va être déversé sur le pont. Dans un bruit liquide, il délivre son butin aux pieds des hommes. Pêle-mêle, dans un sauve-qui-peut généralisé, des centaines de poissons s'agitent : les roussettes au long corps parsemé de taches brunes tentent de sortir du bac en se tortillant ; les Saint-Pierre, ronds et massifs, semblent échoués sur le flanc tandis que les lottes, gros yeux et gueules béantes, gisent inanimées. Habitués à cette scène, les matelots trient les poissons sans tarder. Bientôt, il faudra remettre le chalut à l'eau pour le deuxième « trait » de la journée. Thierry, accoudé sur le pont du dessus, examine la pêche d'un œil connaisseur. Il fait la moue, ses estimations ne semblent pas le satisfaire. Entre le coût du gazole et celui de la main-d'œuvre, l'équilibre est précaire. Tous les jours, il se rejoue, mettant les marins dans une tension permanente.

Armés d'un couteau, les matelots entament à présent le vidage des poissons. Ils les saisissent un à un d'une main ferme et, d'un geste expert, entaillent leur ventre. Après avoir retiré les boyaux, ils balancent les poissons dans la caisse, prêts à être vendus sous criée. Tandis que Thierry envoie le deuxième trait de chalut, espérant cette fois avoir plus de chance, les marins nettoient le pont à grande eau et jettent par-dessus bord les poissons morts. Aussitôt, un nuage de mouettes et de fous de Bassan aux ailes majestueuses se forme dans le sillage. Ils se saisissent des sardines d'un coup de bec et les engloutissent avant de se les faire piquer par un congénère. Sous la pression des ONG environnementales et pour rendre les captures plus sélectives, la politique commune de la pêche (PCP) a promulgué, en 2015, une obligation de débarquement pour tous les pêcheurs. Cette mesure progressive, devant être pleinement appliquée au 1er janvier 2019, a pour but de mettre un terme au rejet en mer des espèces de poissons non désirées[4]. Une obligation qui ne sera pas aisée à appliquer puisqu'elle demande à un patron comme Thierry d'agrandir l'espace dédié au stockage et l'embauche d'un marin supplémentaire. Les autorités, conscientes des problèmes liés au Brexit et à la crise sanitaire, restaient d'ailleurs conciliantes quant à son application.

À bord, le coup de feu est passé, les trois matelots descendent boire un café au carré et entament une partie de Uno très serrée. Ils ont trois heures devant eux, durant lesquelles le chalut va explorer les eaux, rapportant, ils l'espèrent, une bonne prise.

Claire Nouvian, quant à elle, veut bannir les chaluts qui sondent les abysses, semant la mort et la désolation. En juin 2016, après six ans de lutte acharnée, la militante écologiste a remporté une première victoire : l'Union européenne a interdit le chalutage en eaux profondes. Dans la foulée, la Scapêche capitule et renonce à utiliser ses chaluts. Mais l'ONG ne s'arrête pas là : la présidente entend faire interdire la pêche électrique. Cette technique, explique-t-elle, consistant à envoyer des décharges électriques dans les sédiments sous-marins pour en déloger les poissons, provoque des impacts terribles pour la ressource : elle électrocute largement la vie marine, et les poissons remontés dans les filets présentent des brûlures et des ecchymoses. Mêmes plans de bataille, même ténacité : le 13 février 2019, après une longue campagne menée sur tous les fronts – nationaux et européens, politiques et médiatiques –, l'ONG Bloom remporte la deuxième manche : la pêche électrique sera interdite dans l'Union européenne dès 2021[5].

Depuis ces deux victoires majeures, l'ONG poursuit sa mission inlassablement… En 2021, elle cible les subventions versées au secteur de la pêche qui, selon elle, permettent aux industriels de ravager les fonds à grande échelle ; mais aussi les labels qui étiquettent « durables » des produits qui ne le sont pas, comme le label MSC (Marine Stewardship Council). Ce n'est plus Claire Nouvian qui est en première ligne, mais Frédéric Le Manach, directeur scientifique de l'association depuis 2015. « Claire a besoin de se reposer et de prendre du recul après quinze ans d'une activité intense », m'explique-t-il quand, quelques semaines après mon escapade sur le *Cyrus*, je sollicite une rencontre avec elle. C'est donc le jeune trentenaire qui me reçoit, un jour pluvieux de septembre 2020, dans les bureaux exigus de Bloom à Paris, loin de l'océan. À l'entrée du local, un requin en plastique au sourire inquiétant monte la garde. Cartons empilés, posters aux murs, bureaux encombrés de dossiers, l'ambiance est studieuse. Sur un coin de bureau, Frédéric Le Manach m'explique que la pêche est la plus grande menace qui pèse sur l'océan : « La pollution et l'extraction de minerais sont également des enjeux colossaux, reconnaît-il, mais nous ne sommes pas assez puissants. Notre sujet d'expertise, c'est la pêche, nous n'avons pas envie de faire autre chose. Nous pensons qu'à notre échelle, nous pouvons avoir un impact. » Les pêcheurs comme unique cible.

Pêcher moins et consommer mieux ?

Thierry Le Mogne est toujours à l'affût dans sa cabine. On frappe à la porte. Clément arrive avec une escalope de dinde et du riz. Il est midi et le patron n'a pas mangé depuis 3 heures ce matin. Pas le temps de déguster le plat, il est déjà l'heure de relever le deuxième trait de chalut, en croisant les doigts pour qu'il soit meilleur que le premier. Une fois la table et la vaisselle nettoyées, l'équipage se met en tenue et court à son poste. Même manœuvre du chalut : les poissons sont déversés sur le pont, la pêche a l'air un peu meilleure. Il y a davantage de Saint-Pierre, ces poissons de luxe, mais le compte n'y est toujours pas. « La journée est foutue. On fait le troisième trait de chalut et on rentre », déclare Thierry, l'air blasé. Cela fait onze heures que l'équipage est en mer. Encore quatre heures avant de regagner la terre ferme.

Pour Clément, Sylvain et Ewan, dont le plus âgé a vingt-trois ans, prendre la mer était une évidence. Fils de marins, ils ne se sont pas posé la question trop longtemps. Le métier est difficile mais, quand la pêche est bonne, ils reçoivent une paye confortable. Dans quelques années, ils espèrent avoir acquis leur propre bateau. « Ça va pas être facile, s'inquiète Clément. Un bateau comme le *Cyrus*, ça coûte 1,5 million d'euros. Va falloir les trouver. » Pour l'instant, il passe son permis chasse. Traquer la bête, à terre comme en mer. La sonnerie retentit pour la troisième fois de la journée et annonce le dernier trait de chalut. Toujours pas formidable. Mais un air de fête flotte quand même dans l'air. On est vendredi soir, c'est bientôt le week-end. Dans quelques heures, la dureté du travail sera oubliée autour d'un bon verre ou d'un bon repas. Pour l'heure, c'est nettoyage à grande eau et cris des mouettes rassemblées par milliers derrière le bateau.

Il est 17 heures, le *Cyrus* accoste au port de Saint-Guénolé. À présent, les bateaux restés à quai brillent sous la chaude lumière du soleil. L'ancien mécano du bateau, fidèle à sa vie passée, aide les marins à débarquer leurs caisses. Puis le *Cyrus* rejoindra la place qui lui a été attribuée pour le week-end. Le pont va rester silencieux, le chalut enroulé et les écrans éteints pendant deux jours. Puis il sera l'heure, à nouveau, de remonter à bord, pour jeter le chalut, une fois, deux fois, trois fois. Accomplir les mêmes gestes, nourrir les mêmes espoirs, souffrir des mêmes douleurs, pousser les mêmes soupirs.

Quelques mois plus tard, à des kilomètres de là, dans les bureaux parisiens de l'ONG Bloom, je demande à Frédéric Le Manach comment il voit l'avenir de la pêche. Méthodiquement, il me détaille pourquoi il faut révolutionner le secteur. D'après lui, « 70 % des poissons proposés par les grandes surfaces ne sont pas issus de la pêche durable ; 20 % des captures sont destinées à faire des farines d'élevage et il y a 10 % de rejet dans les captures mondiales ». Selon l'association qu'il défend, la solution paraît évidente : il faut pêcher moins et consommer mieux. De fait, l'ONG propose une régulation spatiale avec des « zones sacrifices », où la pêche au chalut est autorisée, et des zones interdites à la pêche, où la biodiversité peut se régénérer. Cependant, insiste Frédéric, l'idéal serait quand même de transformer le métier : « Adopter des pratiques plus durables comme la pêche du poisson à la ligne ou de la langoustine au casier. Ou encore, développer l'élevage de coquillages comme les Saint-Jacques, les huîtres ou les moules. »

Je pense à Thierry, Clément, Sylvain et Ewan. À tous les pêcheurs qui ont dédié leur vie au large et qui, cinq jours sur sept, se lèvent à 2 heures du matin pour passer treize heures en mer. Que deviendraient-ils à terre, à élever des coquillages ? Je pense à toutes les professions qui dépendent de la pêche : mareyeurs, ouvriers, forgerons, mécaniciens… Je pense à la culture et à l'héritage de mes grands-parents, arrière-grands-parents et tous les aïeux qui ont peuplé nos terres. Enfin, je pense à mon pays tel que je le connais aujourd'hui. Une grande partie de son économie dépend des ports de pêche. C'est grâce à cette activité que les écoles sont remplies, que les magasins ont des clients et que les entreprises tournent. Qu'en sera-t-il de son âme s'il est entièrement dédié au tourisme ?

Au-delà de ces enjeux locaux, est-ce que la conversion des marins pêcheurs, tant souhaitée par Bloom, permettrait réellement de sauver les océans ? Sont-ils les uniques responsables de la tragédie qui s'y joue ? N'y a-t-il pas d'autres professions sur lesquelles braquer les projecteurs ? Pour l'instant, les bateaux du Guilvinec doivent affronter un nouvel adversaire. Une ONG d'origine américaine qui les suit à la trace et filme leurs moindres faits et gestes : Sea Shepherd.

2

Les « bergers de la mer »

J'ai toutes ces questions en tête quand je me gare en ce mois d'octobre 2020 sur le parking du Comité départemental des pêches maritimes et des élevages marins du Finistère (CDPMEM 29) à Quimper. Je vais y rencontrer Virginie Lagarde, chargée de mission « environnement » dans cet organisme qui s'est donné pour « mission de promouvoir et représenter les intérêts des professionnels de la pêche auprès des autorités locales et départementales[1] », afin d'évoquer l'action d'une ONG devenue très active dans le coin, Sea Shepherd. Cet après-midi, l'ambiance est plombée chez les pêcheurs et cela fait plusieurs mois que cela dure : « L'ONG Sea Shepherd est arrivée dans le Finistère à la fin du mois d'août, m'explique-t-elle d'un air grave, et depuis elle harcèle les pêcheurs au sujet des prises accidentelles de dauphins. Ils n'en peuvent plus, on ne sait plus quoi faire. »

Pour Sea Shepherd, les pêcheurs massacrent les dauphins

Après les assauts de Bloom, les marins sont dans les griffes de cette ONG américaine créée en 1977 par Paul Watson, un activiste canadien, ancien de Greenpeace. En 2018, elle a lancé l'opération « Dolphin Bycatch » pour dénoncer les échouages massifs et les captures accidentelles de dauphins sur les côtes françaises. Et depuis 2020, les militants de l'association ont braqué leurs projecteurs sur la flotte bigoudène. Embarqués à bord du *Clementine*, un zodiac de l'ONG, ils sillonnent le golfe de Gascogne pour traquer les bateaux de pêche et les prendre en flagrant délit. « Des milliers de dauphins sont sacrifiés chaque année pour satisfaire notre appétit de poissons, justifie le site auprès du grand public. [...] Si les massacres sanglants des dauphins aux îles Féroé et au Japon choquent à juste titre l'opinion publique, une tuerie plus insidieuse et d'ampleur encore plus grande est perpétrée chaque année en France, plus particulièrement le long de la façade atlantique. » Ce pays serait, selon l'ONG, celui qui « tue » le plus de dauphins au niveau européen.

Sea Shepherd s'appuie sur les chiffres publiés chaque année par l'observatoire universitaire Pelagis pour étayer son discours[2]. Basé à La Rochelle, officiellement chargé d'expertise pour la conservation des mammifères et des oiseaux marins, il comptabilise les échouages de dauphins. Les chiffres connaissent une augmentation significative depuis 2016 : de 191 dauphins échoués sur la façade atlantique en 2015, on passe à 556 en 2016 puis à 1 164 en 2020. Dans 80 % des cas, selon les analyses de Pelagis, les carcasses présentent des traces dues à des engins de pêche. Pour l'ONG, cela ne fait aucun doute : les pêcheurs sont les uniques responsables de ce massacre. Et encore, selon elle, les chiffres ne rendent pas compte de l'ampleur du problème, puisque 80 % des dauphins couleraient dans les fonds marins avant d'atteindre les plages.

Pour Lamya Essemlali, présidente de l'antenne française de Sea Shepherd, il faut stopper immédiatement l'hécatombe, m'explique-t-elle quand je l'interroge au téléphone en septembre 2020 : « L'année a été particulièrement catastrophique. Notre présence en mer et le lobbying dont nous faisons preuve sont l'unique façon d'obtenir des résultats concrets. Nos équipes cagoulées en hiver passent plus de douze heures en mer pour filmer des marins, qui, souvent, ont un comportement agressif. Nous sommes les seuls sur le terrain[3]. » Il est vrai que l'ONG, reconnue dans le milieu associatif pour être particulièrement virulente, obtient des résultats médiatiques. Ses images spectaculaires et ses commentaires piquants tournent sur les réseaux sociaux et mobilisent les médias nationaux qui reprennent leurs analyses dans les journaux papier et télévisés. Le dauphin étant une espèce particulièrement symbolique, l'impact est immédiat sur l'opinion publique : « Le dauphin dispose d'un grand capital de sympathie, poursuit Lamya Essemlali. À travers eux, nous pouvons provoquer une prise de conscience. Et puis c'est une espèce "parapluie" : si on parvient à les sauver, on pourra sauver les autres. » Lors de notre entretien téléphonique, la représentante de Sea Shepherd déroule d'une voix décidée un discours sans doute mille fois répété. Et elle semble inaccessible à la moindre contradiction, comme enfermée dans son raisonnement.

Cette approche désole Virginie Lagarde. Elle ne conteste pas les chiffres de Pelagis, mais elle en livre une interprétation bien différente : « Depuis plusieurs années, on constate un déplacement de toute la chaîne alimentaire vers la zone côtière. Les petits poissons pélagiques, les anchois et les sardines, qui sont les proies des dauphins, migrent vers les côtes. Les dauphins les suivent et leur nombre est en augmentation constante dans les zones côtières, entraînant logiquement une hausse du nombre d'échouages et de captures accidentelles. Aujourd'hui, il y aurait 630 000 dauphins en Atlantique Nord-Est, dont 230 000 dans le golfe de Gascogne. Des campagnes sont actuellement en cours pour actualiser ces chiffres. On est loin d'un déclin de l'espèce. » Selon elle, pointer les pêcheurs comme étant les uniques responsables n'a pas de sens : « Sea Shepherd choisit une cible unique et occulte les vrais problèmes, notamment celui des impacts du réchauffement climatique sur la ressource. Cela évolue très vite en ce moment, il faut prendre le temps d'améliorer les connaissances et de faire de véritables analyses. »

On toque à la porte. C'est Yves, un marin pêcheur d'Audierne, qui vient récupérer de nouveaux gilets de sécurité. Il abonde dans le sens de Virginie : « Ces dernières années, explique-t-il, on voit de nouvelles espèces qui apparaissent et d'autres dont la population augmente très vite. Comme les poulpes qu'on ne voyait jamais par ici ou bien les balistes, les rorquals. Et puis on a plein de phoques, de dauphins et de thons rouges. Pour la sardine, c'est différent, c'est son cycle de maturation qui a évolué. Elle est capable de se reproduire plus jeune, comme si elle s'adaptait pour assurer sa survie. C'est sûr, le changement climatique y est pour quelque chose. »

Ce n'est pas l'avis de Lamya Essemlali et de l'ONG qu'elle représente. Pour eux, l'ennemi numéro un est le pêcheur : « La surpêche est la première menace qui pèse sur les océans, insiste-t-elle. La consommation de poissons va doubler dans les cinquante années à venir et le phénomène ne va faire que s'amplifier. Il faut agir maintenant. » Un message suivi par ses équipes, dont celle qui patrouille au large du pays bigouden. Depuis qu'elle est dans le secteur, les pêcheurs n'ont pas de répit. Le *Clementine* les poursuit sans relâche, jusqu'à causer des incidents en mer. À l'automne 2020, l'ambiance a tourné à la guérilla. C'est ce dont témoignent les rapports rédigés par les marins à l'intention des Affaires maritimes.

Le 12 septembre 2020, vers 8 h 30, le patron de l'*Eden II* craque. Depuis qu'il a quitté le port, il est suivi de près par le *Clementine* de Sea Shepherd. Les militants scrutent les moindres faits et gestes de son équipage. Leur graal : filmer un dauphin agonisant dans leur filet de pêche (comme ils l'ont fait quelques jours avant, dévoilant que le *Voluntaz Dei*, immatriculé à Arcachon, avait remonté accidentellement cinq dauphins dans ses filets). Excédé, le capitaine fait appel aux collègues qui pêchent au large de Penmarc'h, le *Voluntaz Dei* et le *Saint-Briac*. Le patron du *Saint-Briac* témoigne : « Nous avons décidé de nous mettre en route pour rejoindre notre collègue, car ce même bateau de Sea Shepherd nous harcèle et nous filme depuis plus d'un mois et gêne nos opérations de pêche et a un comportement intrusif et harcelant qui met la sécurité et l'attention de mes marins en danger lors de l'exercice de leur profession qui compte des risques et nécessite toute leur concentration. »

Le jour même, l'ONG poste une vidéo sur les réseaux sociaux où une militante témoigne. Coiffée d'un bonnet bleu Sea Shepherd, elle est en gilet de sauvetage et derrière elle, on voit l'océan. L'air grave, elle raconte : « Le *Saint-Briac* a fait des manœuvres d'intimidation en nous fonçant dessus. […] L'*Eden II*, après avoir relevé ses filets, nous a jeté des pierres et nous visait directement. Ensuite quatre bateaux nous ont pris en chasse et essayaient de nous coincer avec ceux qui arrivaient des côtes. » Affirmation contredite par les pêcheurs dans leur rapport : « À aucun moment la sécurité des personnes n'a été mise en danger compte tenu de la capacité de leur moteur. » Selon eux, Sea Shepherd, qui dispose d'un hors-bord au moteur beaucoup plus puissant que celui de leurs bateaux, aurait très bien pu s'échapper. Pour eux, c'est un peu comme si une Porsche reprochait à une 2 CV de l'avoir coursée…

Des méthodes « extrêmes et polarisantes »

Le 13 septembre 2020, nouvelle déflagration *via* les réseaux sociaux : Sea Shepherd publie sur son compte la photo de l'un des marins de l'*Eden II*, sur le pont, pantalon baissé et fesses à l'air, qui brandit un doigt d'honneur en direction des militants. Suivie d'un commentaire de Paul Watson : « Oh là là !, regarde mon derrière sexy, j'ai besoin d'un suppositoire de poisson. Un espadon ce serait bien. » La suite des commentaires est à l'avenant, instaurant ce climat de haine et de ressentiment propre aux réseaux : « Un coup de chevrotine dans le cul, il ferait moins le malin » ; ou « Faut couler le bateau et voilà ». Un internaute trouve même opportun de publier le nom et l'adresse du patron du bateau. La tension monte d'un cran supplémentaire entre l'ONG et les pêcheurs, peu habitués à ses campagnes virales. Du côté de Sea Shepherd, c'est la routine, il s'agit de leur mode opératoire.

Le 22 octobre, à 7 heures du matin, l'ONG franchit une nouvelle étape au large des Glénans. Cette fois, les militants de Sea Shepherd braquent – au sens propre comme au sens figuré – les projecteurs de leur hors-bord sur le *Lilwenn*, un fileyeur de Concarneau : « Cette lumière était éblouissante et me mettait directement en danger, détaille le patron dans son rapport pour les Affaires maritimes, car je ne pouvais même pas lire mes écrans de navigation, ce qui est extrêmement dangereux en opération de pêche où toute inattention peut être mortelle. J'étais très inquiet pour mes manœuvres, car dans ces opérations, nos capacités sont restreintes. Le semi-rigide était très proche de mon bateau et passait même entre mon pavillon, mes bouées et mon navire. »

Dès le lendemain, 7 heures, l'ONG réitère. Ses militants s'en prennent au *Bayota II*, obligeant le *Saint-Briac* à venir à sa rescousse une nouvelle fois : « Quand nous sommes arrivés, nous avons constaté que le semi-rigide dirigeait un gros projecteur en direction de la passerelle du *Bayota II*, déstabilisant ce dernier dans ses actions de pêche, écrit le patron dans son rapport. Nous avons riposté de la même façon en les éclairant avec notre projecteur et en éteignant nos feux de navigation. [...] Nos équipages sont épuisés, usés et affectés par cette présence depuis quatre mois. » Et les militants de Sea Shepherd ? Comment se sentent-ils ? Nerveux, galvanisés, victorieux ? Impossible de le savoir. J'ai demandé à l'ONG de monter à bord du *Clementine* pour comprendre la motivation et le sentiment de ses membres. Elle ne m'a jamais rappelée, ne serait-ce que pour les rencontrer à terre.

Pour finir, la campagne médiatique de Sea Shepherd a été désastreuse pour les marins. « Ils n'en peuvent plus d'être traqués par le *Clementine*. Même leurs enfants leur reprochent de massacrer les dauphins », me raconte Virginie Lagarde. La fille d'un marin pêcheur, croyant bien faire, a créé un compte Facebook pour leur offrir une tribune. En quelques heures, elle a réuni 1 500 adhérents qui ont écrit des commentaires plus virulents les uns que les autres. La jeune fille a été dépassée par son initiative et a dû fermer le compte. En quelques mois, les deux camps se sont radicalisés et leurs échanges sont devenus stériles. « On n'adhère pas du tout aux méthodes de Sea Shepherd, regrette le représentant d'une ONG qui dénonce elle aussi la surpêche. Elles sont extrêmes et polarisantes.

Ils cherchent à créer des incidents et il devient impossible de discuter avec eux. »

Pourtant, Sea Shepherd, experte en communication, a remporté la guerre des images et celle de la législation. Comme Bloom avant elle, l'ONG a parallèlement œuvré sur le terrain judiciaire et a obtenu gain de cause sur une partie de ses revendications. En 2019, accompagnée de vingt-cinq autres ONG, elle a porté plainte contre quinze gouvernements européens auprès de la Commission européenne pour dénoncer leur « manquement à leur devoir de protection des dauphins et marsouins[4] ». Cette plainte a obligé les autorités à se positionner. Le Conseil international pour l'exploitation de la mer (CIEM) a recommandé, entre autres, la fermeture de certaines zones à la pêche certains mois de l'année[5]. Le 3 juillet 2020, la Commission européenne a fait savoir que la France avait trois mois pour trouver une solution à la hauteur des enjeux[6]. La veille, le tribunal administratif de Paris avait condamné l'État pour carence dans la gestion du dossier et accordé une indemnité de 6 000 euros à Sea Shepherd[7].

En octobre 2020, alors que Sea Shepherd continuait ses manœuvres en mer, la ministre de la Mer, Annick Girardin, a réagi en présentant un vaste plan pour comprendre au mieux le phénomène de capture accidentelle des dauphins. Elle a publié un arrêté qui a imposé l'utilisation à bord de tous les chalutiers des *pingers*, ces répulsifs acoustiques qui font fuir les dauphins[8]. Pour Lamya Essemlali, de Sea Shepherd, ces mesures restent insuffisantes : « Pour nous ce sont des gadgets et, en plus, ils contribuent à éloigner les dauphins de leurs zones de nourrissage dans le seul but de pêcher des poissons. La véritable solution est celle préconisée par les experts de la Commission européenne : la fermeture de certaines zones à la pêche[9]. » La ministre de la Mer a présenté son plan en février 2021, mais l'ONG a une nouvelle fois jugé qu'il n'allait pas assez loin. Elle a donc saisi le Conseil d'État pour demander des périodes de fermeture dans les zones présentant un risque de capture accidentelle. Sa requête a été déboutée le 27 mars 2021, la juridiction ne s'estimant pas compétente pour prendre ce genre de décision[10].

Pourquoi une telle obstination des ONG comme Bloom et Sea Shepherd contre les pêcheurs bretons ? Bien sûr, ils ont leur part de responsabilité dans les pratiques de surpêche des années 1980 et ils doivent continuer à les modifier pour préserver la ressource. Mais grâce à la mise en place des quotas et à l'évolution de leurs techniques, la situation s'est améliorée. Selon une étude de l'Institut français de recherche pour l'exploitation de la mer (Ifremer) parue en février 2021[11], 60 % des volumes de poissons et de fruits de mer pêchés en France proviennent désormais de populations en bon état, soit quatre fois plus que vingt ans auparavant : « La diminution du nombre de bateaux et le respect des quotas ont permis une baisse globale de la surpêche et une hausse de la capacité des reproducteurs à renouveler les espèces en Atlantique Nord-Est », souligne Alain Biseau, chercheur à l'Ifremer[12].

Au niveau mondial, d'après un rapport de la Food and Agriculture Organization (FAO) des Nations unies paru en 2020, 34,2 % des stocks de poissons ont été pêchés en 2017 dans des conditions insoutenables, telles que leur capacité de reproduction est remise en cause[13]. En regard, 65,8 % des stocks ont été pêchés à un volume important mais qui ne menaçait pas la population concernée (59,6 % étaient exploités en rendement maximal durable et 6,2 % sous-exploités)[14]. Toujours d'après le rapport, en 2018, les principaux enjeux se situaient en Asie – où intervient également

Sea Shepherd – : selon la FAO, la Chine représentait 15 % des captures mondiales, devant l'Indonésie qui en comptait 8 %, puis l'Inde et le Vietnam avec 4 % ; plus largement, l'Asie possédait 74,5 % du total des navires motorisés… En comparaison, le continent américain en possédait 11,9 % et l'Europe 3,4 %[15]. Sans nier les efforts que doit continuer à fournir le secteur de la pêche en France, pourquoi s'obstiner à cibler les navires du Guilvinec ?

Conflits pour l'accès à la mer

Peut-être parce que cette opposition aux pêcheurs manifestée par des ONG comme Bloom et Sea Shepherd raconte autre chose. Et si les enjeux dépassaient la simple dénonciation de la surpêche et du massacre des dauphins ? Je m'interroge dans le bureau de Virginie Lagarde, quand un de ses collègues, élu au Comité des pêches, me propose une piste : « Depuis quelques années, il y a un vrai problème de partage de l'espace entre les plaisanciers, les pêcheurs professionnels et tous ceux qui veulent exercer une activité nautique. Cela s'est accentué avec le confinement, tout le monde réclame un accès à la mer. Nous sommes face à un véritable conflit d'usage. » Ce n'est pas la première fois qu'on m'en parle. Au cours de mes entretiens avec les professionnels de la pêche, tous ont remarqué que la pression s'accroît sur l'espace et les ressources marines. De plus en plus de monde veut avoir accès aux richesses océaniques tandis que de plus en plus d'ONG réclament que les océans soient préservés. Les activités maritimes se développent tandis que l'environnement se dégrade : le contexte est potentiellement explosif.

C'est si vrai que l'Union européenne s'est emparée de la question et a demandé en 2014 à chaque État d'organiser la gestion de son espace maritime[16]. Depuis 2017, la

France s'est dotée d'une « stratégie nationale » pour la mer et le littoral, qui se décline par zone. En Bretagne, c'est le *Document stratégique de façade Nord Atlantique/Manche Ouest* qui a vocation à réguler l'occupation de l'espace. L'un des objectifs principaux est de « prévenir les conflits liés à la diversification et à la densification des usages de la mer et du littoral[17] ». Le document dresse le constat suivant : « De nombreux usagers doivent partager un même espace à des périodes du jour, de la marée, de la saison ou de l'année qui peuvent être proches ou simultanées. L'augmentation et la diversification des usages de la mer accroissent le nombre de ces interactions[18]. » Il liste toutes les activités qui peuvent potentiellement entrer en conflit : les énergies marines renouvelables, l'activité liée aux ports, les industries navales et nautiques, les activités de loisirs comme le nautisme, mais aussi la pêche, l'aquaculture, l'extraction de granulats marins… Chaque secteur peut, potentiellement, entrer en concurrence avec les autres, et la pression s'accroît sur la bande côtière. En même temps, les enjeux écologiques augmentent et l'environnement devient une priorité. Les pêcheurs, embarqués dans cette dynamique, sont pris en étau entre les professionnels de la mer, les plaisanciers et les ONG qui prétendent protéger les océans. Ils finissent par se dire qu'ils sont devenus des empêcheurs de tourner en rond…

3

L'économie bleue, « solution miracle » pour sauver les océans ?

« Les pêcheurs et les marins de commerce ont longtemps été les principaux usagers de la mer, m'explique Julien Dubreuil, biologiste marin et halieute (spécialiste des problèmes liés à la pêche), chargé de mission au Comité régional des pêches maritimes et des élevages marins de Bretagne, au téléphone en avril 2021. Aujourd'hui, ils doivent partager l'espace avec de nouveaux acteurs. Les énergies marines renouvelables [dites "EMR"] sont en pleine expansion, même sur les territoires éloignés des côtes. Les plaisanciers sont de plus en plus nombreux et ils s'aventurent dans des zones reculées grâce à un matériel de navigation qui devient plus précis. Les conflits d'usage augmentent et s'étalent sur un espace de plus en plus vaste. Cela devient compliqué de travailler. »

Conflits croissants autour de l'« accélération bleue »

Dans la région, la tension s'est cristallisée autour des projets de parcs éoliens. L'un d'eux, situé dans la baie de

Saint-Brieuc, est particulièrement emblématique. La multinationale espagnole Iberdrola y prévoit la construction de soixante-deux éoliennes et, depuis 2011, les deux camps s'affrontent. Le dialogue est si difficile qu'Alain Coudray, président du Comité des pêches des Côtes-d'Armor, a écrit à Emmanuel Macron en février 2021 pour le sommer de stopper le projet : « Une décision forte, écrit-il, mais qui montrerait que la France exige que le déploiement des énergies marines se fasse en prenant en considération les usages et la société qui définissent le territoire et dans une volonté de respecter ces derniers et l'environnement[1]. » Les pêcheurs, qui ont pourtant pris part aux concertations, ont l'impression de ne pas avoir été entendus : « Le lieu où le parc va être construit est une zone de reproduction des coquilles Saint-Jacques qui essaiment dans toute la baie, plaide Julien Dubreuil. Il est également stratégique pour la pêche aux homards et de nombreux bateaux sont dépendants de cette ressource. Enfin, la construction des éoliennes va causer de grosses perturbations, dont le bruit qui va faire fuir les poissons. Les éoliennes menacent directement notre ressource et donc notre métier. »

Les EMR sont le nouveau chantier de l'Europe, qui espère multiplier par cinq la capacité énergétique offshore au cours des années 2020 et par vingt-cinq d'ici à 2050. Dès lors, comment peser face à un adversaire si imposant ? Comment se mesurer à des géants de l'énergie comme Iberdrola, Total ou Shell ? Le temps passe, la concurrence se multiplie, les adversaires sont de plus en plus lourds et la situation se tend. La voix des pêcheurs est noyée dans cette cacophonie où se mêlent les ONG, les énergéticiens et tous ces nouveaux venus qui ne jurent plus que par les océans.

Ce qui se passe ici, au niveau local, reflète ce qui se passe ailleurs, aux niveaux national et international. Les océans sont devenus un enjeu majeur pour des acteurs du monde entier. Une étude intitulée *Baromètre de la maritimisation de l'économie* et significativement sous-titrée « L'économie bleue, moteur de la croissance verte », menée en 2017 par le cabinet de conseil Boston Consulting Group pour la Fondation de la mer, dresse une liste de chiffres éloquents : 90 % des marchandises transportées passent par les mers ; 30 % des réserves de gaz et 20 % de celles de pétrole sont situées en mer ; 60 % de la population mondiale vit à moins de 100 km de la mer et ce chiffre va atteindre 75 % d'ici à vingt ans ; 90 % des fonds marins restent à découvrir[2]. Ces données montrent très clairement pourquoi les océans, qui recèlent des richesses infinies, sont devenus la « nouvelle planète » à conquérir. Industriels, multinationales, start-ups, financiers, banquiers, États et régions. Tout le monde est désormais tourné vers l'horizon bleu.

L'assaut a déjà commencé, comme l'explique un article publié par l'université de Stockholm en 2020, qui se penche sur ce phénomène inédit de l'« accélération bleue » : « La revendication des ressources et de l'espace maritimes n'est pas nouvelle pour l'humanité, mais l'étendue, l'intensité et la diversité des aspirations actuelles sont sans précédent. C'est ce que nous appelons l'accélération bleue, une course entre des intérêts divers et souvent concurrents pour la nourriture, les matériaux et l'espace océaniques[3]. » Jean-Baptiste Jouffray, scientifique français qui a participé à cet article, le confirme : « Un ensemble de facteurs poussent les hommes à s'intéresser aux océans : l'explosion de la population mondiale, les progrès technologiques et l'épuisement des ressources à terre[4]. » Une course aux trésors océaniques qui en Bretagne comme ailleurs crée une multitude de conflits spatiaux.

C'est d'abord pour se nourrir que les hommes se tournent vers les mers, détaillent les auteurs de cet article. De 2020 à 2030, la population mondiale passera à 8,5 milliards d'habitants et la demande de protéines animales sera exponentielle. D'après la FAO, comme les humains sont de plus en plus nombreux à bouder la viande, la consommation de poissons devrait augmenter de 15 % par rapport à 2018[5]. Et la pêche ne pouvant pas répondre à cette hausse, l'aquaculture devra se développer. La mer va également répondre aux besoins croissants d'énergie : dans les années 2000, 70 % des plus importants gisements en gaz et en pétrole ont été découverts offshore et l'étendue bleue est propice à l'installation de champs éoliens ou de fermes solaires[6]. On y puisera également les nodules polymétalliques, dont les minéraux sont si précieux pour les téléphones, les écrans et les éoliennes : leurs ressources sont trois fois plus élevées que sur terre. Les océans permettront d'échanger de plus en plus d'informations entre les continents : en 2018, 99 % du trafic d'Internet passait déjà par 1,3 million de kilomètres de câbles de fibres optiques déposés sur les sous-sols marins. Sans parler des pipelines de pétrole et de gaz qui transportent l'énergie fossile. Enfin, et la liste n'est pas exhaustive, la mer promet toutes sortes d'innovations. L'utilisation de ressources génétiques aux caractéristiques inédites, notamment issues d'organismes vivant dans les conditions extrêmes des grands fonds, convoitées par l'industrie pharmaceutique. Mais aussi le stockage du carbone, que ce soit dans des cavités sous-marines ou bien *via* les mangroves et les herbiers marins. En passant par les granulats marins pour la construction des bâtiments et l'eau de mer désalinisée…

Comme le conclut l'article : « Avec des demandes qui vont des ressources renouvelables aux non renouvelables, qui concernent les activités mobiles et statiques, l'accélération bleue intensifie la pression sur les océans, provoquant toute une gamme d'interactions. […] Par exemple, les opérations d'extraction de pétrole offshore ont un impact sur les captures de poissons sauvages à travers le déplacement des stocks et l'altération biochimique ; les pipelines et les câbles sous-marins empêchent la pêche au chalut ; et les grands parcs éoliens offshore peuvent entrer en conflit avec le tourisme côtier et les activités de loisirs[7]. » Quand nous observons l'océan depuis la plage, il nous semble bien vide. Quelques fois, on aperçoit la silhouette d'un voilier qui se détache sur la ligne d'horizon. Mais quand on s'approche, on se rend compte que tout le monde s'affronte pour avoir accès à la moindre parcelle. Finalement, l'océan ressemble plus à un vaste marché où l'on se bouscule entre les étals qu'à un désert bleu.

Aux origines de la formule de l'« économie bleue »

La situation est d'autant plus complexe qu'un autre enjeu, vital celui-là, se joue sur les océans : la régulation climatique. La question écologique s'y fait de plus en plus prégnante, comme le montrent deux rapports publiés en 2019 : celui de la Plateforme intergouvernementale scientifique et politique sur la biodiversité et les services écosystémiques (IPBES), organe intergouvernemental indépendant, et celui du Groupe d'experts intergouvernemental sur l'évolution du climat (GIEC) sur *L'Océan et la cryosphère dans le contexte du changement climatique*, premier rapport de cet organisme centré sur la question. Tous deux dressent un tableau alarmiste de la situation.

Ils pointent d'abord le rôle primordial des océans pour la préservation de notre espèce et plus largement pour celle de la vie sur Terre. Ils couvrent 71 % de la surface terrestre et représentent 97 % de l'eau sur la planète[8]. Ils ont absorbé 20 % à 30 % des émissions de CO_2 émises par les humains depuis 1980 et occupent une place essentielle dans la régulation climatique[9]. Pourtant, comme le pointe le rapport de l'IPBES, l'océan subit de nombreuses agressions : « Plus de 40 % de l'espace marin était fortement affecté par de multiples facteurs en 2008 et 66 % subissait des impacts cumulatifs de plus en plus importants en 2014. Seul 3 % du total était classé comme épargné par la pression humaine en 2014[10]. » Parmi les victimes les plus connues, les coraux, dont la population a presque baissé de moitié en cent cinquante ans, avec une accélération notable depuis les années 1990. L'IPBES insiste sur les conséquences dramatiques : « Leur disparition et leur dégradation réduisent non seulement leur aptitude à protéger le littoral, ainsi que les populations et les espèces qui y vivent, contre les tempêtes, mais aussi leur capacité à offrir des moyens de subsistance durables. »

Jean-Pierre Gattuso, scientifique français ayant participé au rapport du GIEC, résume les trois principaux types d'agressions subies par les mers : « D'abord, une agression globale avec le réchauffement de l'eau qui cause un déplacement des poissons vers les pôles. Mais aussi avec son acidification due à l'absorption du CO_2. Puis une agression locale avec la pollution, les eaux usées et la construction d'infrastructures portuaires. Et enfin, le plastique tant à l'échelle globale qu'à l'échelle locale[11]. » Pour le GIEC, les effets en sont dévastateurs : « Cela entraîne une mutation au niveau de la composition des espèces, l'abondance et la biomasse des écosystèmes, depuis l'équateur jusqu'aux pôles. La modification des interactions entre les espèces a eu des répercussions en cascade sur la structure et le fonctionnement des écosystèmes[12]. » La communauté scientifique est unanime : il faut protéger les océans de la prédation humaine, car ils sont garants de l'équilibre climatique. Les hommes ont considérablement dégradé leur santé depuis plus d'un siècle et exercent une pression qui ne cesse d'augmenter depuis les années 1980. Si nous voulons survivre, nous n'avons pas vraiment le choix...

L'histoire nous met donc devant un paradoxe. Les hommes, affamés de richesses et de nouveaux espaces, se tournent vers les océans. Mais est-il raisonnable de partir à l'assaut de l'or bleu alors que la survie de notre espèce peut s'en trouver menacée ? Pour dépasser cette équation insoluble, les hommes ont inventé une solution « miracle » et l'ont baptisée l'« économie bleue ».

L'origine de ce concept renvoie à celle du tout aussi problématique « développement durable », fameux oxymore[13]. Tous deux sont issus des discussions internationales entamées dans les années 1970 et qui ont mené aux sommets climatiques de Stockholm en 1972 et de Rio en 1992. C'est au Brésil, sous la présidence de Maurice Strong, secrétaire général de la conférence des Nations unies sur l'environnement et le développement, qu'est alors consacrée la formule « développement durable » – nous y reviendrons. Elle contient une promesse : il est possible de continuer à consommer tout en préservant l'environnement. Le concept, pourtant fondé sur une injonction paradoxale, a connu un succès planétaire, et l'expression restait largement utilisée trente ans plus tard. Celui d'« économie bleue » a surgi en 2012 lors du sommet « Rio + 20 », qui a vu se cristalliser les inquiétudes à propos des océans. Au cours des séances de travail, les participants parlaient montée des eaux, acidification, surpêche et destruction des habitats ; et l'expression « croissance bleue », calquée sur celle de « croissance verte », a commencé à circuler. Elle a tout de suite été adoptée par la FAO, « qui voulait envoyer un message fort à la communauté internationale en faveur d'un écosystème océanique en bonne santé[14] ». Puis le concept a été repris par toute la communauté internationale, des ONG aux institutions politiques en passant par les États et les scientifiques, sans savoir vraiment ce qu'elle voulait dire. Ce flou était-il stratégique ? Jacqueline Alder, responsable des « partenariats mondiaux pour une pêche responsable de la FAO et qui a mené l'initiative Croissance bleue pour cette organisation, explique : « Nous avons déterminé notre programme de la croissance bleue pour qu'il soit relativement large, afin que les pays puissent décider dans quelle direction ils veulent aller[15]. »

La définition est si vague qu'il est difficile de comprendre ce que signifie concrètement l'économie bleue. De nombreux rapports lui ont été consacrés, par la FAO, la Banque mondiale, les fondations, les *think tanks* ou les ONG. Tous sont restés dans ce flou originel. Concentrons-nous d'abord sur ceux que la Commission européenne, l'une des instances internationales les plus avancées sur le sujet, publie chaque année depuis 2012. De l'aveu de l'ex-députée européenne Isabelle Thomas, l'expression a changé de dénomination en cours de route : « Au départ, on parlait de “croissance bleue”. Mais comme le mot “croissance” avait une connotation négative en matière d'environnement, on a préféré parler d'“économie bleue”[16]. » Alors, comment l'Europe présente-t-elle cette « solution miracle » ? La Commission européenne en donnait la définition suivante dans un rapport paru en 2019 : « L'économie bleue permet à la société d'extraire de la valeur des océans et des régions côtières. Ces extractions doivent être en équilibre avec les capacités à long terme des océans à supporter de telles activités à travers la mise en œuvre de pratiques soutenables[17]. »

Ce rapport examine secteur par secteur les potentiels de l'économie bleue en termes d'emplois et de création de richesses. Tout est passé en revue, depuis le transport maritime jusqu'à la désalinisation ou l'extraction de minerais. Les activités sont scindées en deux catégories : les activités traditionnelles comme la pêche, l'aquaculture, le tourisme ou encore les activités portuaires ; puis les activités émergentes comme les énergies renouvelables, la biotechnologie ou l'extraction minière. Dans la première, les activités portuaires et le tourisme sont les plus prometteuses avec une augmentation du nombre d'emplois de 25 % et 10 % de 2009 à 2017 ; quant à la seconde, ce sont les énergies éoliennes offshore qui sont en tête, puisque le nombre d'emplois y est passé de 20 000 en 2008 à 210 000 en 2018[18]. Comme on le voit, l'accent est surtout mis sur le volet économique.

Un tour de passe-passe faussement « écologique »

Qu'en est-il du volet écologique ? À part quelques lignes sur la valorisation nécessaire des richesses océaniques, le rapport n'est guère bavard sur ce point. En novembre 2020, j'ai contacté la Commission européenne pour en savoir plus. On m'a orientée vers un technicien travaillant sur le sujet depuis des années mais dont on m'a demandé de préserver l'anonymat. Lequel n'a pas été plus disert : « Nous nous centrons sur une approche de l'économie soutenable. On ne veut pas reproduire ce qui s'est passé à terre, on ne veut pas répéter les mêmes erreurs[19]. » Il a évoqué évasivement quelques pistes : « Nous travaillons sur le tourisme responsable centré sur les aires marines protégées et nous avons entamé un dialogue avec les croisiéristes pour organiser le flux de passagers à terre. » Il ne pouvait guère m'en dire plus... Sourcilleux, il précisait tout de même : « Le grand défi actuel est bien sûr l'énergie. Nous allons devoir augmenter notre production d'électricité renouvelable de manière exponentielle, cela va nécessiter un dialogue entre tous les partenaires pour créer une nouvelle organisation spatiale sur les océans. » Mais à part ça, il ne pouvait pas me détailler plus précisément ce que lui et son institution entendaient par « soutenable ».

Même flou quand on se tourne vers la Banque mondiale, pourtant très présente sur la question depuis le sommet Rio + 20. Voici sa propre définition de l'économie bleue dans un rapport de 2017 : « Ensemble des secteurs économiques et des politiques connexes qui, ensemble, déterminent si l'utilisation des ressources océaniques est durable[20]. » Cette institution insiste quant à elle sur le rôle clé que doit jouer le secteur privé dans le processus. Comme la Commission, elle décline l'ensemble des secteurs économiques concernés avant de s'intéresser aux enjeux environnementaux proprement dits. Là, elle est un peu plus précise que l'Europe, même si elle chausse des lunettes financières. Après avoir insisté sur la valeur des écosystèmes, elle évoque les nouveaux mécanismes financiers censés aider à protéger l'environnement, tels que les crédits carbone ou les obligations bleues. Voilà une première piste sur la manière dont l'économie bleue aborde la question écologique : par la monétisation. Une approche « économique » des problèmes « écologiques ». Malheureusement, le rapport ne va guère plus loin.

Contre toute attente, c'est en se tournant vers le secteur privé que l'on comprend mieux les véritables enjeux de l'« économie bleue ». Au début des années 2000, le milieu des affaires a voulu en savoir plus sur cette nouvelle promesse. On lui parlait de secteurs innovants, de création de richesses, mais il ne comprenait pas très bien ce que cela voulait dire. Il lui fallait une définition claire, un cadre sûr, un plan concret et des pistes opérationnelles. L'Economist Intelligence Unit, unité de recherche de The Economist Group, a été mandatée pour mener une enquête auprès des experts et apporter une réponse. Le travail a été financé par la Fondation (étatsunienne) Gordon et Betty Moore (que l'on retrouvera), et il a été publié en 2015 sous la forme d'un rapport intitulé *L'Économie bleue. Croissance, opportunité et économie soutenable pour l'océan* lors du *World Ocean Summit*, grande manifestation annuelle destinée aux responsables économiques et politiques du monde entier.

À sa lecture, une première évidence saute aux yeux : les mers sont réellement vues par ces experts comme un espace de conquête tout à fait inédit, infini et excitant pour le *business*. Elles sont présentées comme une « véritable force économique » qui entre dans une période d'« industrialisation » : « L'océan est en train de devenir un nouveau point central dans les discours sur la croissance et le développement durable, au niveau national comme au niveau international. Le monde est à bien des égards à un moment charnière où les intérêts économiques vont se tourner vers les océans[21]. » Les auteurs sont pourtant catégoriques : « Faire du *business as usual* n'est clairement pas une option. » Pour eux, la Commission européenne est définitivement passée à côté des enjeux écologiques, critiquent-ils : « Il semble évident que l'aspect de la conservation ou de la durabilité n'est pas le but ultime de l'économie bleue. »

En l'absence d'une vision claire, eux-mêmes ont tracé la voie. Ils ont classé les activités proposées par l'économie bleue en différentes catégories, en fonction de leurs impacts sur l'environnement. Il y a « celles qui sont bonnes pour le *business* et bonnes pour l'environnement » ; « celles qui sont bonnes pour le *business* et qui comportent des effets bénéfiques pour la santé de l'océan » ; et « enfin, celles qui sont expressément tournées vers la santé des océans et des écosystèmes. Ces opportunités représentent un tout nouveau paradigme d'investissements qui sont "bleus" dès la conception[22] ». Ce dernier segment, l'« investissement dans la santé et les écosystèmes océaniques », étant un défi à relever : « Comment créer des flux de trésorerie prévisibles pour les investisseurs derrière les précieux services écosystémiques offerts par l'océan ? » s'interrogent les auteurs[23].

À la lecture de ce rapport, une vision complète de l'économie bleue s'esquisse enfin. Est-ce que les institutions publiques n'ont pas osé aller jusqu'au bout de leur logique ? Est-ce que le secteur privé a été plus hardi pour proposer de faire des profits avec l'écologie ? Toujours est-il que, mis bout à bout, les rapports permettent de comprendre ce qui se cache derrière cette solution miracle. Elle comporte deux volets : le volet économique, fondé sur la production de richesses ; et un volet écologique, qui propose de donner une valeur aux écosystèmes marins. Voilà où est le tour de passe-passe : cette solution suggère une lecture économique des problèmes écologiques. Non seulement elle propose de valoriser les océans, mais elle propose en plus d'en tirer profit. Ainsi l'économie bleue permet de gagner à tous les coups. Côté pile, elle permet de développer les secteurs traditionnels et émergents. Côté face, elle permet de protéger la nature grâce à la monétisation des services écosystémiques. Dans les deux cas, elle permet de faire de l'argent. Et de raconter une histoire positive qui respecte la promesse de départ : « Consommez et protégez. »

Comment expliquer que cette vision de l'économie bleue soit devenue largement majoritaire ? Et qu'une telle promesse, *a priori* intenable, se soit imposée au niveau planétaire comme une solution acceptable ? Pour le comprendre, il va falloir faire un vaste détour pour décortiquer et déconstruire le discours climatique. Mais avant cela, il est essentiel de répondre à une question centrale : l'économie bleue est-elle vraiment bleue ?

4

Les faces cachées de l'économie bleue

Quand on parle protection des océans, tous les regards se tournent vers la pêche. Selon l'analyse de l'IPBES en 2019, c'est l'activité « qui a eu l'impact le plus important sur la biodiversité au cours des cinquante dernières années, aux côtés d'autres facteurs significatifs[1] ». Les auteurs mettent l'accent sur la pêche industrielle qui couvre 55 % des océans, mais aussi sur la pêche artisanale « qui compte pour près de la moitié des prises mondiales de poissons ». Il n'est pas question de remettre en cause cette analyse ni de nier les impacts désastreux de la surpêche, qui ont été largement documentés. Il suffit d'avoir vu des images dénonçant les méthodes industrielles pour convenir que le secteur doit se réformer et limiter ses impacts sur la ressource.

Pour autant, doit-on braquer tous les projecteurs sur ce secteur, au risque de maintenir les autres dans l'ombre ? Comme le souligne l'IPBES, de nombreux phénomènes contribuent à dégrader les océans : les traitements polluants à terre, mais aussi les modes de consommation, de production, les échanges commerciaux, le changement climatique. Enfin le tourisme maritime et côtier, activité tant vantée par les promoteurs de l'économie bleue qui misent sur sa croissance et les créations d'emplois qu'elle est susceptible d'entraîner.

Le tourisme global, monstre hors de contrôle

C'est assurément un secteur prometteur, nous avons pu le constater en pays bigouden. Ici, la fréquentation touristique a été historique lors de l'été qui a suivi le premier confinement du printemps 2020 en France. Les citadins sont arrivés en masse, avides de profiter enfin de tout ce dont ils avaient été privés. Les plages, les restaurants, les commerces, les parkings, la mer étaient bondés. Les commerçants, dont l'activité reprenait après des mois de rideaux fermés, se réjouissaient. « On a fait 20 % de plus que d'habitude », répétaient-ils, soulagés, dès fin juillet. Du côté des habitants, les sentiments étaient plus nuancés. Si certains s'en réjouissaient, d'autres ressentaient une impression d'envahissement face aux bouchons, aux queues dans les supermarchés et aux plages surpeuplées. Un certain agacement aussi face aux impacts écologiques. Les sachets, les bouteilles et les masques en plastique qui traînent sur le sable. Les curieux qui grimpent sur les dunes pourtant protégées par une barrière. Les promeneurs qui s'écartent des sentiers balisés dans des zones classées. Les baigneurs qui se tartinent de crème avant d'aller à l'eau. Les camping-cars garés en rang d'oignons sur les côtes ou encore les vans qui font du camping sauvage dans des endroits retirés. Pourtant, il va bien falloir s'y habituer : d'après l'Insee, la fréquentation touristique de la Bretagne a augmenté de 4,5 % de 2018 à 2019. Alors que faut-il faire ? Miser sur ce secteur au détriment de la pêche et au risque de faire dépendre l'économie locale de cette seule activité ? Limiter l'afflux de visiteurs, comme y réfléchissent les îles bretonnes de Groix et Batz, pour réduire leur impact sur le milieu ? Laisser faire et s'adapter ?

C'est un sujet crucial pour de nombreux villages côtiers bretons, mais aussi pour de grandes villes touristiques européennes du bord de mer comme Lisbonne, Venise ou Athènes. Bizarrement, si les ravages du tourisme industriel ont fait l'objet d'études, il existe peu de données sur le tourisme maritime et côtier. Jérémie Fosse, président de l'association environnementale Eco-Union et coordinateur en 2019 d'un rapport intitulé *Verdir le tourisme bleu*, me l'a confirmé : « Les approches se focalisent sur une destination ou un thème particulier, il n'y a pas de vision globale. Nous sommes face à un vide institutionnel et nous avons dû mener un an de recherches[2]. » Le spécialiste qui est basé à Barcelone, haut lieu touristique, dresse un constat plutôt alarmant du secteur. Tel un monstre hors de contrôle, le secteur du tourisme global ne cesse de grossir. Selon l'Organisation mondiale du tourisme des Nations unies (OMT), les arrivées de touristes internationaux (ATI) devraient augmenter de 65 % dans le monde entier pour atteindre un nombre de 1,8 milliard d'arrivées par an d'ici 2030 ; et ce secteur prend de plus en plus de place d'un point de vue économique : au niveau mondial, il produit un emploi sur dix et 10,4 % du PIB[3]. Tandis qu'au niveau européen, il représente 13,6 millions d'emplois (statistiques du tourisme de la Commission européenne), dont 2,2 millions pour le tourisme maritime et côtier, soit 54 % de ceux promis par l'économie bleue[4].

Pourtant, ce rapport met en évidence que le tourisme est une des activités les plus polluantes : il est responsable de 8 % des émissions de gaz à effet de serre au niveau mondial selon une étude sur l'empreinte carbone du tourisme global parue dans *Nature Climate Change* en 2018 (le transport maritime étant responsable de 3 % des émissions de CO_2). Enfermé dans un cercle infernal, le tourisme pollue mais il rend aussi extrêmement sensibles au changement climatique les zones où il se concentre. Elles sont fragilisées, note le rapport, par « la présence constante des infrastructures dédiées au tourisme, leur dépendance vis-à-vis de cette activité et la densité de population qu'il génère. De plus, elles sont à la merci d'une interruption brutale de leurs activités avec la hausse du niveau de la mer et la multiplication des événements climatiques extrêmes[5] ». Bref, les endroits les plus sensibles au changement climatique sont ceux sont qui sont les plus fréquentés.

Une fois de plus, j'ai une pensée pour mon coin de Bretagne. Ici, les hommes continuent de grignoter un espace naturel déjà bien entamé. Les zones humides ont été mises à mal par une extension urbaine qui n'a pas toujours été bien maîtrisée, et la situation empire avec la pression touristique. La demande de résidences secondaires, devenue exponentielle lors de la crise sanitaire, incite les hommes à empiéter encore un peu plus sur les terrains restés disponibles, malgré l'importance de préserver les côtes pour faire face aux assauts de l'océan. Dans le même temps, les tempêtes hivernales s'intensifient, fragilisent les dunes, et le trait de côte ne cesse de se décaler. Tous les éléments sont réunis pour fragiliser une région littorale destinée à recevoir une fréquentation croissante. Pourtant, dans un mouvement aveugle, les hommes misent sur le tourisme pour alimenter les économies locales.

Et encore, ce que je constate ici est bien moins dramatique que ce qui se joue dans les petites îles touristiques du Pacifique aux rivages parsemés d'hôtels et de *resorts*. Là-bas, les ravages sont essentiellement dus à la présence de ces infrastructures qui dévorent le paysage. Eaux usées, consommation d'énergie et d'espace naturel, rejets d'aluminium, de plastique et de nourriture : les dommages créés à l'environnement sont innombrables. Le rapport insiste sur les impacts des formules *all inclusive* qui proposent toute une gamme de biens et d'activités à consommer sur place. Il pointe notamment la consommation d'eau des touristes hébergés dans les hôtels, trois fois plus importante que celle des locaux alors qu'en période estivale ces régions ensoleillées sont en proie au stress hydrique[6].

All inclusive, c'est également la formule proposée en mer par les croisiéristes, secteur en plein essor. Avant la pandémie de covid-19, des études projetaient une augmentation de 110 % de cette activité entre 2018 et 2023 avec le lancement de quarante-sept nouveaux navires sur la période[7]. La demande est essentiellement tirée par les Américains (qui représentent la grande majorité des passagers), les Chinois et les Allemands, les Français arrivant loin derrière... Mis en service en 2018, *The Symphony of the Seas* est une véritable ville flottante (ou un énorme centre commercial) : multitude de bars, de restaurants et de boutiques ; pistes de danse, vague de surf, patinoire, spa, piscine, tyrolienne et même aqua-show, voilà ce que propose le navire détenu par The Royal Carribean Cruise Line. Il peut accueillir jusqu'à 8 000 passagers pour voguer vers des destinations de rêves comme Saint-Martin, les Bahamas ou Saint-Domingue... Voilà pour la carte postale. Côté envers du décor, cet alien des mers représente le moyen de transport le plus polluant et le plus consommateur en énergie : d'après le rapport d'Eco-Union, les navires de croisière consomment cinq fois plus d'énergie qu'un hôtel de luxe.

Impact le plus évident de ces mastodontes : les émissions de soufre, dues à l'utilisation d'un carburant de mauvaise qualité. D'après la Fédération Nature Environnement (FNE), qui a mené en 2015 une enquête avec l'association allemande NABU, les carburants utilisés par les navires de croisière rejettent 3 500 fois plus de soufre que le diesel utilisé pour les voitures. Puis viennent les autres nuisances : la contamination des mers par les eaux usées ; le rejet d'une quantité de déchets sans commune mesure avec les autres activités maritimes (les navires de croisière ne représentent que 1 % de la flotte marchande, mais 25 % des déchets qu'elle produit[8]) ; ou encore le transport, par les bâtiments, d'espèces invasives qui viennent contaminer les eaux locales de destination.

Sans compter les dégâts environnementaux occasionnés à terre par l'aménagement de ports et de structures d'accueil capables d'absorber le « déversement » de 8 000 touristes en quelques heures sur une île ou une ville côtière… Comme à Marseille, qui peut recevoir cinq navires en un week-end, dont *The Symphony of The Seas* : « Nos services d'accueil ne sont pas dimensionnés pour cela, déplore Richard Hardouin, président de la FNE dans les Bouches-du-Rhône. Ni l'accès à l'électricité, ni le traitement des eaux usées, ni la collecte des déchets ne sont adaptés. Nous militons pour une flotte de cars alimentés au GNL pour organiser les excursions, moins polluante que la flotte actuelle qui fonctionne au carburant. Mais tout cela a un coût et nous nous heurtons à un manque de volonté politique dans ce domaine[9]. » Cette situation s'explique aussi par un rapport de force inégal : « La croissance dans ce secteur est à deux chiffres et seule une poignée de multinationales contrôlent le marché, analyse Jérémie Fosse. De fait, elles ont le pouvoir d'imposer leurs conditions aux ports d'accueil. Elles peuvent très bien déplacer une escale, les villes n'ont pas leur mot à dire. Cela pose des questions d'ordre écologique et démocratique. »

Alors est-ce bien raisonnable de classer le tourisme au premier rang de l'économie bleue, ce concept censé exploiter les richesses océaniques tout en les préservant ? Le domaine a le vent en poupe à l'échelle tant globale que locale, même si ses conséquences sur l'environnement sont dramatiques. À la pointe bretonne comme à Marseille ou dans les îles du Pacifique, les élus locaux, happés par leur élan de création d'emplois et de richesses, ne semblent pas les prendre en compte : « Tout le monde partage les constats dressés par [notre] rapport, mais la gouvernance n'a pas de vision globale, conclut Jérémie Fosse. Elle ne pense qu'aux enjeux économiques, elle est totalement déconnectée de la réalité. »

Nodules polymétalliques, hydrocarbures en mer, trafic maritime : dégâts assurés

L'avidité des hommes semble condamner le littoral à long terme. Il en est de même du côté des fonds marins : l'extraction de minerais, et plus particulièrement de nodules polymétalliques, est un enjeu crucial. Ces galets de la taille d'un pamplemousse revêtent une importance stratégique. Source de nickel, cobalt, cuivre, fer et manganèse, ils sont indispensables à la fabrication des produits *high tech* : téléphones, panneaux solaires, éoliennes et certains appareils d'aviation. Ils constituent une ressource vitale pour les pays occidentaux, dangereusement dépendants de la Chine qui produit 97 % des terres rares utilisées dans le monde.

Les stocks marins sont donc vus comme une véritable providence, à l'heure où la demande augmente et les ressources terrestres s'amenuisent : « Selon certaines évaluations admises aujourd'hui, estimait en 2017 François Bersani, ingénieur à l'École des mines, les nodules de la zone la plus prometteuse du Pacifique recèleraient trois fois plus de cobalt, de manganèse et de nickel que la totalité des ressources terrestres identifiées et évaluées[10]. » Information corroborée la même année par un rapport du cabinet de conseil Amundi, qui précisait que les réserves de cobalt s'élevaient à 13 millions de tonnes à terre mais à 44 millions de tonnes en mer dans la zone de Clarion-Clipperton, située dans le Pacifique[11]. Dès lors, on comprend que l'exploitation des nodules polymétalliques apparaisse comme une manne potentielle pour les investisseurs de tous bords. Et qu'elle soit considérée comme un secteur prometteur de l'économie bleue.

Cet engouement s'est traduit par l'augmentation des demandes de permis d'explorer auprès de l'Autorité internationale des fonds marins, institution fondée en 1994 par les Nations unies pour en gérer l'accès. Ainsi, en 2020, trente contrats d'exploration étaient en cours dont dix-huit pour la recherche de nodules polymétalliques (seize d'entre eux concernant la région la plus prometteuse, Clarion-Clipperton)[12]. Il s'agissait d'abord de déterminer la composition des fonds et la meilleure manière de les exploiter. Les coûts d'extraction étant prohibitifs et les cours des métaux toujours volatils, il reste en effet difficile de trouver un équilibre financier.

Étant donné ces enjeux, tout le monde se tient prêt pour réagir quand les conditions seront réunies. L'extraction de minerais figure donc en bonne place dans la liste des secteurs porteurs de l'économie bleue dressée par la Commission européenne. Qu'en est-il des dégâts environnementaux liés à ce type d'activité ? Lenaïck Ménot, chercheur à l'Ifremer, a participé à une étude menée pour l'État français sur le sujet, publiée en juin 2016[13]. Il est catégorique : « L'exploitation de nodules polymétalliques, si elle était lancée, causerait des dégâts irréversibles. Les nodules sont le résultat de millions d'années de développement et leur croissance est très lente. Ils sont le substrat de nombreuses espèces, dont les coraux. S'ils étaient extraits, leur habitat naturel serait voué à disparaître[14]. » Dès lors, l'exploitation des nodules polymétalliques est-elle souhaitable ?

Question similaire pour l'exploration et l'exploitation d'hydrocarbures en mer. Romain Schumm, chercheur sur la gouvernance internationale de l'océan et de la biodiversité à l'Institut du développement durable et des relations internationales (IDDRI), notait en juin 2020 que peu de données sont disponibles sur les impacts environnementaux de ce type d'opération[15]. Pourtant, l'exploration de nouveaux puits suppose des campagnes sismiques qui modifient l'environnement sonore et mettent en danger les mammifères marins, dont les dauphins et les baleines qui se repèrent au son. Cela signifie aussi une intensification du trafic maritime alentour et la construction ou l'aménagement d'un port adéquat sur le rivage ; des émissions de CO_2 dues au torchage ainsi que le rejet des eaux usées et des eaux de refroidissement. Sans oublier les marées noires, dont la Bretagne a été de nombreuses fois victime, et les plateformes qui ne sont pas toujours démantelées une fois que le puits est vide. Malgré cela, ce type de pollution n'est que peu évoqué dans les rapports liés à l'économie bleue. Pour l'expliquer, le chercheur avance plusieurs hypothèses : « L'emprise au sol des plateformes reste modeste par rapport à une mine par exemple, remarque Romain Schumm. Mais, surtout, c'est l'un des secteurs les moins réglementés au niveau international et nous n'avons que peu de données à exploiter. Ce sont les firmes qui détiennent le plus d'informations sur les impacts de leurs activités offshore. Elles ne les communiquent pas, elles se retranchent derrière le secret. Tout cela fait que peu d'acteurs ou d'ONG travaillent sur la question. Cela pose la question de ce qui crée l'agenda militant. »

Quant au secteur du trafic maritime, qui assure 90 % des échanges de marchandises, il est à la traîne. D'après les études de la FNE, les gros cargos et les navires de croisière étaient responsables à la fin des années 2010 de 5 % à 10 % des émissions mondiales de particules fines et de 50 000 morts prématurées par an en Europe[16]. L'association préconise l'utilisation du gaz naturel liquéfié (GNL), beaucoup moins polluant à l'utilisation (ce qui n'est pas le cas à l'extraction et la production). Mais le secteur est loin de la mutation espérée, reconnaissait en septembre 2020 Emmanuel-Marie Peton, responsable de la transition énergétique et écologique au Cluster maritime français (qui représente tous les acteurs du secteur maritime) : « L'Europe a fixé des objectifs de décarbonation du secteur et nous devons nous adapter pour passer au GNL et à l'hydrogène. Mais les changements ne sont pas évidents et posent diverses questions. Par exemple, si nous devons compenser nos émissions, devons-nous le faire auprès de notre pays de départ ou auprès de notre pays d'arrivée ? Le GNL pose la question du ravitaillement et du stockage. Il va falloir construire des ports et des infrastructures pour se réapprovisionner. Et les navires vont avoir un problème de stockage à bord : plus l'énergie nécessaire au déplacement prend de la place, moins il y en a pour les marchandises. Les changements à réaliser vont prendre au moins cinquante ans. Aujourd'hui, seuls deux cents navires sur 42 000 sont équipés[17]. »

Dans ce domaine encore, on est donc loin d'une activité neutre pour l'environnement. Alors, est-il bien raisonnable de prôner l'économie bleue coûte que coûte ? Certes, elle peut créer des emplois et de la valeur ajoutée à court terme. Mais les dégâts environnementaux sont déjà conséquents avant même que les secteurs qu'elle soutient ne soient réellement développés. À y regarder de plus près, l'économie bleue a tout d'une économie grise. Sans compter qu'elle ne prend pas en compte le principal problème qui affecte la santé des océans : les activités à terre.

II

À terre, aux origines de la pollution

5

Le message des « sentinelles » de la pollution

80 % de la pollution en mer vient de la terre. Ce chiffre est connu, brandi dans tous les rapports (Unesco, ministère de la Transition écologique en France, ONG, etc.). Mais que signifie-t-il vraiment ? Comment l'activité humaine, à terre, peut-elle avoir des conséquences sur les milieux marins ? On parle beaucoup du plastique mais encore assez peu des produits « phytosanitaires », pesticides, insecticides ou herbicides. Pourtant, d'après les scientifiques qui ont travaillé sur le sujet, ils ont un impact considérable sur le milieu marin.

Pour le comprendre, revenons en Bretagne où se joue à une échelle locale le même drame que dans le monde entier. Ici comme ailleurs, des signaux nous alertent sur la détérioration de la qualité de l'eau. Ici comme ailleurs, les écosystèmes marins subissent en silence la pollution terrestre. Le phénomène pourrait passer inaperçu s'il n'y avait les « sentinelles », ces mollusques bivalves qui filtrent l'eau pour se nourrir du plancton. À la fois témoins privilégiés et victimes innocentes de la détérioration de leur milieu, les tellines, huîtres et coquilles Saint-Jacques nous parlent. Situés à la frontière de la terre et de la mer, elles nous alarment sur la tragédie qui se passe en mer.

L'énigme du déclin des tellines

Pour entendre leur message, il faut écouter les hommes qui les connaissent et qui les pêchent. Quand je le rencontre chez lui en décembre 2019, Ronan Le Corre, ancien président des telliniers au niveau régional, pêche la telline depuis plus de vingt ans dans les baies d'Audierne et de Douarnenez. Toute l'année, quand les conditions le permettent, il se rend sur les plages pour pêcher ces petits coquillages longs, clairs et nacrés[a]. Équipé d'un chariot accroché à la taille, vêtu d'une combinaison imperméable et de hautes bottes, il tire sa lourde charge à reculons. Pas à pas, le corps devant résister au poids de l'engin, il laboure le sable pour faire remonter les tellines. Celles-ci restent coincées dans le chariot chahuté par les courants, puis Ronan les prélève et les trie avant de les vendre. Enfin, quand la pêche est bonne… Car le volume de tellines baisse, inexorablement, me confie Ronan Le Corre, assis à la table de son salon. Dehors, la lumière est grise, l'hiver s'est installé.

« J'ai commencé à pêcher la telline dans les années 1990, raconte-t-il. Nous étions plus de 250 telliniers entre Audierne et Douarnenez. Nous avons contingenté la ressource pour avoir une pratique durable. Grâce à ces mesures, on gagnait bien notre vie. On pêchait, bon an mal an, 150 à 200 tonnes. Mais en 2011, tout a changé. Nous avons connu un épisode de mortalité massive sur

a Ces mollusques bivalves ne sont pas très connus en France, mais ils sont populaires en Espagne et en Italie où ils sont exportés (ils sont savoureux passés à la casserole avec un filet d'huile d'olive et un peu d'ail).

Audierne et le stock s'est effondré à 64 tonnes sur tout le Finistère. La telline n'est pas revenue et nous vivons une longue descente aux enfers. Les fermetures administratives décidées par la préfecture [pour raison sanitaire] se succèdent au rythme de trois à cinq mois par an. De 2001 à 2003, la pêche a été interdite pendant neuf mois sur Douarnenez à cause du dinoflagellé, un plancton toxique. En 2018, la fermeture a carrément duré cinq mois et cela continue, le Finistère et le Morbihan sont les deux régions les plus touchées par les fermetures liées à la prolifération d'algues toxiques. Notre profession est sinistrée, vingt-cinq collègues ont quitté le métier, beaucoup ont fait faillite. Deux d'entre eux se sont même suicidés. Nous ne sommes plus que vingt-six et notre équilibre est très fragile. Depuis 2006, on assiste, impuissants, à une chute de la production même si, en baie d'Audierne, le stock repart lentement depuis 2019. » Qu'arrive-t-il aux tellines ? La question hante Ronan depuis des années…

Il cherche, se documente, lit et enquête depuis plus de dix ans. À force d'observer et de cogiter, une hypothèse s'est dessinée. Et les pistes ont commencé à germer : « Au cours de mes recherches, j'ai appris que le bon plancton, les diatomées, celui qui sert à nourrir les tellines, est très sensible aux produits phytosanitaires. Tandis que les planctons toxiques, comme le pseudo-nitzschia ou le dinophysis, y sont très résistants. Quand l'eau est polluée par des produits chimiques, ils pullulent. Au fur et à mesure des années, je me suis rendu compte que les fermetures administratives commençaient souvent en avril. C'est-à-dire quelques mois après le pic de production du phytoplancton qui a lieu en février. J'ai donc pensé que si des pesticides ou des herbicides étaient utilisés en plein pendant le bloom (la floraison) du plancton, alors les éléments toxiques devenaient dominants au détriment des éléments nutritifs. Et que, logiquement, les tellines qui les ingéraient mouraient ou devenaient impropres à la consommation. D'où les fermetures administratives à répétition. »

Ronan tient une piste. En 2011, face à une nouvelle vague de mortalité des coquillages, il décide de tester son hypothèse. Il demande à l'Ifremer de faire des analyses : « Mais ils n'ont rien trouvé et ont conclu à une origine inconnue. » Le pêcheur ne s'avoue pas vaincu. Il se dit qu'il finira bien par trouver ce qui tue les coquillages et il continue sa petite enquête.

C'est alors que, en plus de l'augmentation de la mortalité, il constate une baisse de la natalité : « Au printemps, on voyait les naissains apparaître. Mais, quelques mois plus tard, la population de coquillages n'avait pas vraiment grossi, comme si ces naissains n'étaient pas arrivés à leur terme. Il y avait deux possibilités : soit les larves naissaient mais elles ne pouvaient pas se nourrir et donc elles mouraient ; soit il y avait un autre problème dès le stade larvaire qui expliquait qu'elles ne grandissent pas. Mais lequel ? » Voilà une nouvelle énigme à éclaircir. « Un jour de 2018, la mer m'a mis sur une piste », poursuit-il. D'un air mystérieux, Ronan disparaît quelques instants dans la pièce d'à côté. Il revient avec une boîte dont il verse le contenu dans le creux de la main… « J'arrivais comme d'habitude sur mon lieu de pêche et j'ai regardé où en étaient les naissains en haut de plage. Je m'approche, je gratte le sable et je tombe là-dessus. Des petits monstres, de jeunes tellines toutes tordues. J'en ai retrouvé souvent dans les baies d'Audierne et de Douarnenez. Ce ne sont pas des cas isolés. »

Je regarde les coquillages qu'il me tend. En effet, ils sont ramassés sur eux-mêmes, déformés en leur milieu. Des Frankenstein de la mer. Le tellinier, qui a toujours en tête les produits phytosanitaires, envoie ces curieux spécimens à l'Ifremer : « Cette fois, ils m'ont répondu qu'il s'agissait sûrement d'un coup de drague. Cela ne m'a pas convaincu. Si c'était le cas, les juvéniles ne survivraient pas. Pourtant elles grandissent même si leur coquille est déformée », souligne Ronan, les yeux fixés sur les coques meurtries. Lorsqu'il a contacté le Comité des pêches, celui-ci a pris attache avec Claire Lazareth, chargée de recherche à l'Institut de recherche pour le développement (IRD). Celle-ci a confirmé que le phénomène est trop reproductible pour être lié au hasard. Alors, quel est le secret de la baie d'Audierne ?

Ronan a sa petite idée. Mais il lui est difficile de se faire entendre, même auprès de ses pairs. Surtout auprès de ses pairs : « J'aimerais qu'on approfondisse les analyses pour en savoir plus, mais les collègues ne veulent pas savoir, regrette-t-il. Ils me disent que je vais trop sur Internet et que cela ne les intéresse pas. » Françoise Lesecq, qui a pris la succession de Ronan à la tête du comité régional des telliniers, confirme : « Ronan a fait des pesticides son cheval de bataille. Moi, je ne suis pas focalisée là-dessus... Même si, comme lui, je constate que les épisodes de mortalité se multiplient et qu'ils ne sont pas toujours expliqués[1]. » Quand on approfondit un peu pourtant, Françoise n'est pas loin des analyses de Ronan : « La ressource a disparu sur des gisements importants. Dix ans après, on n'a pas de réponse claire et précise. On nous dit que la surmortalité est due à des virus ou des bactéries. Mais ce n'est pas satisfaisant. Il ne faut pas sous-estimer la pollution et ses effets sur le plancton dont elles se nourrissent. »

Comme Ronan, Françoise pense aux produits phytosanitaires, mais aussi au tourisme. L'augmentation de la population côtière en été provoque, ici comme ailleurs, une forte hausse du volume d'eaux usées. Les stations d'épuration n'étant pas calibrées pour un tel flux, les bactéries contaminent les cours d'eau douce et détériorent la qualité de l'eau. En pensant aux touristes, Françoise est un peu amère : « L'été, je suis tout le temps emmerdée lorsque je travaille. Les touristes me font des réflexions, ils disent que j'endommage la ressource en prélevant des coquillages. Je leur réponds que c'est eux qui abîment le littoral en construisant leur résidence secondaire, en déversant leurs eaux usées et en utilisant de la crème solaire qui va polluer la mer. Mais personne ne veut pointer du doigt les secteurs du tourisme ou de l'agriculture, car ils ont un fort poids économique. C'est un choix de société. Nous, les pêcheurs, on assiste impuissants à la disparition de notre ressource. Nous, on ne doit pas faire trop de bruit, on doit rester invisibles et disparaître en silence. »

La piste des pesticides

Ronan et Françoise ont du mal à faire entendre le message délivré par les sentinelles. Pourtant, il n'y a pas que les tellines qui souffrent. Les huîtres aussi sont les victimes d'épisodes récurrents de pollution. Kevin Way, jeune ostréiculteur et président du Syndicat des conchyliculteurs du Sud-Finistère, m'explique que son secteur est aussi menacé par les fermetures administratives successives. À tel point qu'il a décidé de faire de la qualité de l'eau le principal chantier du syndicat. « Ici, lorsque les conditions sont favorables, le plancton est très riche, le temps de production est divisé par deux par rapport à d'autres régions. Seulement, l'huître est très sensible à la qualité de l'eau. Alors quand il y a un débordement dans une station d'épuration, on ne peut pas exercer pendant trois semaines. C'est intenable pour notre profession[2]… »

Les professionnels bigoudens ne sont pas les seuls à se poser des questions. Laurent Chavaud, directeur de recherches au CNRS, est l'auteur d'un ouvrage très remarqué sur la coquille Saint-Jacques, notamment celle de la rade de Brest[3]. Il y explique la manière dont les bivalves sont devenus des objets d'étude précieux pour comprendre l'environnement et comment, dans les années 1990, il a participé à des recherches sur les épisodes de déclin des stocks. L'histoire qu'il raconte a de nombreux points communs avec celle de Ronan. Déjà, il se pose la même question : « Au début des années 1980, les pêcheurs de la rade de Brest sont confrontés à la raréfaction des coquilles Saint-Jacques alors que l'écosystème est à l'origine très favorable à leur développement. Pourquoi[4] ? » Plusieurs pistes sont évoquées pour expliquer cette variation et ce déclin de la ressource : le déversement de nitrates liés à des élevages porcins, qui entraîne une prolifération d'algues toxiques ; le tributylétain, peinture de bateaux dont la molécule fait pousser des pénis aux femelles bigorneaux perceurs ; ou encore l'aluminium des stations d'épuration ou la menace des efflorescences de microalgues toxiques. « Qu'est-ce qui, dans cette liste noire, s'interroge le chercheur, a détérioré l'écosystème au point qu'une coquille Saint-Jacques ne puisse plus s'y reproduire en grand nombre[5] ? » Il a passé une partie de sa carrière à tenter de répondre.

Il détaille la manière dont l'expérience dite des « cloches » (qui permet d'étudier les propriétés de l'eau dans un endroit très précis) lui a apporté un premier indice : « Grâce à cette expérience, [...] nous découvrons que les impacts anthropiques, c'est-à-dire l'activité humaine, perturbent directement ou indirectement l'alimentation, la reproduction voire la survie de la coquille Saint-Jacques. Sur les bassins versants de la rade de Brest, les activités humaines (élevage intensif, égouts urbains, industries...) rejettent de l'azote (nitrates, ammonium) et du phosphore, lesquels sont déversés dans les rivières puis dans la mer. Ces éléments chimiques favorisent le développement d'algues toxiques mais pas de diatomées, qui, elles, ont besoin de silicium. Or les diatomées (des microalgues dont la carapace est en silicium) sont la nourriture des coquilles Saint-Jacques, tandis que les algues toxiques peuvent stopper la croissance des coquilles[6]. » Laurent Chavaud, scientifique au CNRS, a le même raisonnement que Ronan Le Corre. Comme lui, il pense à ce que rejette la terre et à la multiplication des planctons toxiques pour expliquer la mortalité des bivalves.

Ces derniers ne sont pas les seuls à prendre part au récit. Il y a aussi les hommes. Ceux qui ont un contact régulier avec la mer et plus particulièrement dans la baie d'Audierne. En mars 2018, un article du quotidien régional *Ouest-France Bretagne* a relayé les témoignages de surfeurs de La Torche, endroit où pêchent également les telliniers : « J'ai une peau très sensible et à certaines périodes de l'année elle me brûle quand je vais à l'eau », explique Corentin Clech, champion de longboard[7]. Constat partagé par Sven Niel : « Il m'est arrivé de surfer dans des eaux douteuses. » L'article poursuit en citant une étude réalisée par l'université britannique d'Exeter parue dans la revue *Environnement International*. Fondée sur le cas de surfeurs de la côte anglaise, elle montre que les surfeurs et les bodyboardeurs seraient davantage porteurs de bactéries antibiorésistantes que le reste de la population. Les chercheurs expliquent cette différence par le fait que les amateurs de glisse boivent dix fois plus d'eau de mer que les autres. Une eau pas toujours très propre…

En juin 2020, je retrouve Sven Niel chez lui à Tréogat, à 13 km de La Torche, dans une belle maison en bois qu'il a construite lui-même. Comme Ronan, il a été touché de très près par des phénomènes de pollution et il s'interroge : « Je me demande ce qui se passe ici, dans la région. C'est le cas quand je vais surfer mais il n'y a pas que ça. Je suis apiculteur amateur et, en avril 2018, j'ai constaté que ma population d'abeilles ne cessait de baisser. J'ai eu un coup de sang et j'ai posté une vidéo sur le Net qui a été vue plus de 20 000 fois[8]. » On l'y voit, très ému et en colère, montrer ses ruches où a eu lieu une véritable hécatombe : « Ce que vous voyez là, c'est un cimetière, c'est des tombes. Ces cinq ruches étaient pleines de vie en octobre, elles grouillaient, elles étaient pleines de miel. Ce n'est pas normal qu'elles soient mortes, c'est un massacre. » Il se met alors à genou et montre l'état de l'une de ses ruches : « Elles sont pleines de miel, les abeilles ne sont pas mortes de faim. Mais dedans, il y a des cadavres d'abeilles pourris. Elles ont été intoxiquées par quelque chose. J'avais 20 000 abeilles, c'est ce qu'on appelle un effondrement de colonie, témoigne-t-il d'une voix désespérée. On ne peut pas continuer comme ça. L'environnement est en train de crever, les cours d'eau sont pleins de pesticides, mes ruches sont pleines de pesticides, les abeilles crèvent. Cela veut dire que les autres, les bourdons et les abeilles sauvages, sont en train de crever à cause de cette merde. Et ça nous fera crever aussi. » La vidéo se termine par un appel au secours : « Faites quelque chose, s'il vous plaît. »

Deux ans plus tard et un livre écrit sur le sujet[9], Sven, comme Ronan Le Corre, reste avec ses interrogations : « Mes abeilles meurent ; les tellines disparaissent dans la baie d'Audierne ; les surfeurs sont irrités quand ils vont à l'eau à La Torche. Que se passe-t-il ? »

Un jour de novembre 2019, un début d'explication a émergé. Deux lanceurs d'alerte locaux ont décidé de briser le silence. Et ont divulgué des chiffres demeurés jusque-là confidentiels dans un article du quotidien local *Le Télégramme* intitulé : « Les pesticides bien présents dans nos rivières ». Bernard Trebern et Elizabeth Kerloc'h, représentants respectivement des associations environnementales Bretagne vivante et Eau & Rivières, ont eu accès à des données détenues par le schéma d'aménagement et de gestion des eaux (SAGE) en Ouest-Cornouaille. Lorsqu'ils ont vu les résultats, ils ont décidé de les rendre publics : « Les taux atteignent parfois dix fois la norme maximale de concentration de pesticides dans l'eau du robinet », détaille l'article. Cela est dû à l'utilisation d'herbicides, mais « plus inquiétant, on constate la présence d'asulame, molécule dont l'usage est interdit depuis 2011 ». Et si Ronan, Françoise et Sven avaient raison ? Et si les pesticides étaient une bonne piste ?

Le jour où je suis allée chez Ronan, il m'a demandé de le suivre avant de prendre congé. Il voulait me montrer l'état de son jardin, juste derrière sa maison. Il a désigné un petit ruisseau qui serpentait parmi les hautes herbes. « Avant, je pouvais y pêcher des gardons, des grenouilles et des têtards, maintenant il est complètement vide. La vie l'a déserté… Il y a sept ou huit mois, il était carrément violet et rose. Comment on explique ça ? Est-ce lié à ce fameux asulame dont on a retrouvé des traces par ici ? » Et les tellines, les huîtres et les surfeurs ? Sont-ils les victimes indirectes des herbicides et autres produits phytosanitaires qui, lavés par les eaux de pluie, se retrouvent dans les cours d'eau qui se jettent dans les mers ? Pour le savoir, j'ai suivi la piste des pesticides…

6

Le plancton, victime oubliée des pesticides

Je retrouve Bernard Trebern quelques jours après la parution de son article dans *Le Télégramme*. L'homme, retraité, membre de l'association Bretagne vivante, assume sa décision : « Lorsque nous avons vu ces données, on s'est dit qu'il fallait les relayer, m'explique-t-il. Notre mission est d'informer le public et de mettre la pression aux pouvoirs publics pour que ces informations soient divulguées. » Depuis des années, il parcourt le pays bigouden pour observer la biodiversité, « avoir ce rôle de veille que les scientifiques n'ont plus ». Alors que nous marchons dans les marais de Penmarc'h, il désigne les miscanthus, herbes blondes qui couvrent la lande : « En modifiant le paysage, en coupant les cours d'eau par des ponts ou du bitume, l'homme modifie tout un écosystème. Les canards ne savent plus où nicher et ils se font bouffer par les renards, les saumons n'ont plus de frayères où se reproduire. Cela fait trop longtemps que l'on construit sur les zones humides alors que leur rôle est, justement, de filtrer. Du coup, lorsque l'eau de pluie et les cours d'eau se déversent dans la mer, ils sont pleins de produits toxiques. »

En l'écoutant, je prends conscience que chaque action à terre a des conséquences en mer. Petit à petit, l'homme grignote les zones tampons qui jouent un rôle de protection entre la zone côtière et la mer. Petit à petit, il pourrit la terre en y injectant des produits chimiques qui s'infiltrent dans les sols, les cours d'eau et qui finissent dans l'océan. Est-ce pour cela que les tellines, les huîtres et les coquilles Saint-Jacques nous interpellent ? C'est ce que pensent Bernard Trebern et sa collègue. C'est pourquoi ils ont décidé de briser l'omerta.

Des études alarmantes, mais insuffisantes

Les données révélées dans l'article sont plutôt inquiétantes. Elles concernent notamment le ruisseau de La Torche (situé à proximité de la plage où Ronan Le Corre pêche des tellines) et celui de Penmarc'h (qui prend naissance derrière La Torche et qui descend jusqu'à l'océan en traversant la commune de Penmarc'h). « Les résultats sont plutôt mauvais, y exposent les deux écologistes. En cumulé, on peut dépasser à certains moments 6 µg/l, soit douze fois l'objectif fixé. » Outre la présence d'asulame, ils pointent la présence d'atrazine, pourtant interdite depuis 2003. Pour eux, l'Ouest-Cornouaille Eau (OUESCO), structure locale émanant de structures intercommunales et chargée de la gestion durable de l'eau, manque de transparence : « L'OUESCO reste discret sur l'ensemble de ces résultats, déclarent-ils. Ils ne sont pas directement disponibles sur leur site Internet, contrairement aux organismes voisins. C'est leur choix. »

Lorsque je parviens enfin à obtenir le détail de ces analyses, je me rends compte qu'elles indiquent des fluctuations dans la concentration des produits. Ainsi, dans le ruisseau de Penmarc'h, le métolachlore OXA, un désherbant utilisé dans la culture du maïs et du soja, est présent à hauteur de 0,19 µg/l en mars 2018, puis il explose à 2,015 en août de la même année. Tandis que le métolachlore ESA, désherbant de la même famille, n'est qu'à 0,75 µg/l en mars 2018 pour atteindre 3,405 en juillet ; enfin, l'asulame, un herbicide normalement interdit depuis 2012, n'est présent qu'à 0,025 µg/l en mars 2018 pour culminer à 0,135 en août. Quant au ruisseau de La Torche, on y trouve du bentazone, un herbicide qui n'est pas censé être utilisé sur des sols sablonneux. Et pire encore, de fortes doses d'alachlore, un autre herbicide, qui a été interdit en France dès 2008. Que racontent ces chiffres ? Pourquoi indiquent-ils la présence de produits interdits à forte dose ? Pourquoi de telles variations ? Ces produits phytosanitaires peuvent-ils avoir un impact sur la biodiversité marine ? Et plus particulièrement sur les stocks de tellines ?

« Difficile de savoir ce que cela signifie, déplore Bernard Trebern. Les résultats sont compliqués à interpréter et leurs effets ne sont pas évidents à démontrer. Nous sommes condamnés à répéter que les tellines connaissent une forte mortalité, mais nous ne pouvons pas aller plus loin scientifiquement. » Pour connaître l'impact de ces produits sur la flore et la faune marines, il faudrait le regard d'un spécialiste capable de déchiffrer et d'interpréter précisément ces données. Je les envoie à plusieurs experts locaux et nationaux. À ma grande surprise, aucun d'entre eux ne me répond. Il me faudra plusieurs mois avant de trouver l'interlocuteur qui pourra interpréter, précisément, ces chiffres. En attendant, j'avance pas à pas pour tenter de comprendre quels peuvent être les effets des produits phytosanitaires sur le milieu marin. Une chercheuse de Brest, à qui j'ai envoyé les analyses et qui souhaite rester anonyme, me confirme qu'il y a bien un lien : « Il est très possible que les organismes marins soient sensibles aux molécules chimiques, me précise-t-elle. Cela dépend du moment auquel ils sont touchés. D'une manière générale, on peut dire que les mollusques qui cherchent des aliments dans une eau pauvre en nutritifs ou ceux dont les cellules sont en plein développement sont sensibles au stress. À ces périodes-là, ils sont plus vulnérables à l'agression de produits phytosanitaires. »

Quant à savoir quelle molécule entraîne quel effet, difficile de l'établir… Surtout si on prend en compte les effets « cocktail », c'est-à-dire l'assemblement de plusieurs produits ou de leurs résidus, ces molécules dégradées qui restent dans le sol après que le produit a été utilisé : « Les analyses portent généralement sur une molécule et non sur ces molécules dégradées, même si celles-ci peuvent aussi avoir des effets. Les analyses à terre coûtent cher, sans compter les prélèvements en milieu marin dont les prix sont encore plus élevés[a]. Les collectivités locales ne peuvent pas les multiplier… Elles se contentent donc de recherches ciblées. Et on ne trouve que ce qu'on cherche. » Pourtant, l'ensemble des acteurs s'accordent à dire que les effets cocktail peuvent être redoutables. La chercheuse, pressée, m'assure qu'elle me rappellera dès qu'elle aura analysé mes données. Je n'aurai jamais de ses nouvelles…

Ultime complication : il faut aussi prendre en compte la pollution véhiculée par l'air. Le point de contact entre la terre et la mer, le rivage, concerne une superficie bien moindre que l'ensemble de la surface marine en contact avec l'air. C'est un moyen de contamination qui doit être pris en considération pour expliquer la pollution marine. Comme me l'explique en juin 2020 Gaël Lefeuvre, président de l'association Air Breizh, agréée par le ministère, ce

a Au cours de mon enquête, un organisme public a indiqué la somme de 500 à 600 euros pour l'analyse de trente molécules.

phénomène est encore peu exploré : « Nous ne sommes pas épargnés par la pollution de l'air, ici, notamment *via* les particules fines. On a l'image classique des effets liés au trafic automobile. Pourtant, pendant le premier confinement [du printemps 2020], nous avons quand même constaté des pics de pollution alors que la circulation était largement réduite. Il était clair que cela provenait des épandages. L'ammoniac déversé sur les champs est un facteur reconnu d'eutrophisation marine. Cela favorise le développement des algues toxiques qui impactent la biodiversité dans les eaux et sur les plages. Malheureusement, c'est un domaine encore inexploré[1]... » Et la pollution de l'air par les pesticides ? « Les études sont encore très rares, souligne Gaël Lefeuvre. Il faudrait collecter des données sur une période assez longue et cela demande des sommes conséquentes. » Pour l'instant, les moyens ne le permettent pas. « Nous venons de recevoir un appareil pour mesurer l'ammoniac dans l'air. Il a coûté 70 000 euros, c'est déjà énorme. »

Le plancton, ressource majeure et menacée

Dans ces conditions, comment comprendre l'impact des pesticides sur le milieu marin, les tellines, les huîtres et les coquilles Saint-Jacques ? Pour le savoir, il faut faire un détour par le plancton, algue méconnue mais essentielle au milieu marin. À Quimper, un homme a les yeux qui pétillent dès qu'il évoque ce microorganisme : Pierre Mollo. Cheveux blancs, barbe blanche, voix douce et mots précis, le scientifique travaille sur le sujet depuis les années 1980. Il ne se lasse pas de ces minuscules organismes, invisibles à l'œil nu, qui mesurent entre 0,2 et 200 µm (dix fois plus petits qu'une mine de crayon). Alors que nous sommes attablés dans un café proche de la cathédrale quimpéroise, il commence par m'expliquer ses origines : « "Plancton" vient du grec et signifie "errant", c'est-à-dire qui ne peut pas lutter contre les courants. Le plancton est présent sur Terre depuis les balbutiements de la vie il y a 3,8 milliards d'années. Il a besoin de trois éléments fondamentaux pour se développer : la lumière, le CO_2 et les oligoéléments. Il suffit que la composition de son milieu change pour le perturber. C'est donc un très bon indicateur de la qualité de l'eau[2]. »

Le plancton se divise en deux catégories : le phytoplancton et le zooplancton. Le premier, végétal, nourrit les animaux filtreurs comme les moules, les tellines, les palourdes et les coquilles Saint-Jacques, mais aussi les larves des animaux marins. C'est le premier maillon de la chaîne alimentaire et, sans lui, la faune marine ne pourrait pas se nourrir. Le second, le zooplancton, est constitué de toutes les larves d'animaux (crabes, poissons, langoustines…) et de tous les animaux qui n'auront jamais qu'une forme planctonique, comme les méduses. Ils se nourrissent eux aussi de phytoplancton. On le voit : le plancton est un élément indispensable de la survie dans les océans. « Ils représentent 95 % de la protéine produite par les mers, souligne Pierre Mollo. Seulement, personne ne s'en soucie car ils sont invisibles. On se focalise sur les 5 % de protéines que l'on peut voir, comme les poissons, les dauphins ou les tortues géantes. Pourtant, le plancton joue un rôle fondamental. Et il en faut beaucoup : pour un kilo de thon, 100 kg de plancton animal et une tonne de phytoplancton sont nécessaires. » Ce n'est pas tout : c'est grâce à ces minuscules organismes marins que les océans peuvent jouer leur rôle de régulateur du climat. Ils produisent, à eux seuls, plus de 50 % de l'oxygène de la planète.

Comment un organisme si précieux peut-il être si méconnu ? C'est ce que se demande Pierre Mollo, qui a décidé de lui consacrer sa vie, estimant que le plancton est menacé : « Entre les nitrates qui viennent de l'agriculture, le phosphate qui vient des stations d'épuration et les métaux lourds qui viennent de l'industrie à terre, son milieu est totalement perturbé. Cela favorise la multiplication de plancton toxique, plus résistant à ces altérations. » Ce phénomène provoque l'eutrophisation des eaux, cet appauvrissement en oxygène qui favorise la propagation des algues vertes. Celles-ci, plus résistantes aux pollutions, pompent l'oxygène encore disponible et en privent le « bon » plancton – les diatomées – dont se nourrissent les animaux. Logiquement, les pollutions marines ont un impact conséquent sur la biomasse : « On accuse les pêcheurs, mais on ferait bien de s'intéresser au problème de la qualité de l'eau, dont l'impact sur la chaîne alimentaire est considérable, déplore-t-il. Si les plus gros poissons n'ont rien à manger, ils ne peuvent plus se reproduire et le stock s'effondre. Tant qu'on parle des dauphins et des baleines, on ne parle pas du reste. »

Et les pesticides dans tout ça ? Le plancton en est-il victime, comme le laissent supposer les sentinelles du pays bigouden ? « Bien sûr, ils empêchent le plancton de se multiplier. Il y a urgence, car ces molécules invisibles et diffuses ne cessent de s'accumuler dans le milieu. Il y a eu très peu de recherches sur ce sujet, mais deux scientifiques de l'Ifremer ont fait un travail remarquable : Françoise Quiniou et Geneviève Arzul. Allez les voir de ma part », me conseille Pierre Mollo. C'est ainsi que, quelques jours plus tard, je traverse une partie de la Bretagne pour rencontrer Geneviève Arzul, aujourd'hui retraitée. Malgré le ciel sombre chargé de pluie, elle m'attend devant chez elle et me propose gentiment un *yogi tea*. Je jette un œil sur la citation inscrite sur l'étiquette du sachet de thé : « Laisse les choses venir à toi. »

Les mains enserrant la tasse chaude, la chercheuse revient sur le début de ses travaux : « Lorsque nous avons commencé à travailler sur l'impact des pesticides sur le milieu marin, dans les années 1990, il y avait très peu de littérature scientifique. D'ailleurs, l'Ifremer nous a peu soutenues, le sujet n'était visiblement pas leur priorité[3]. » Pourtant, rappelle-t-elle, la France fait partie des pays les plus consommateurs de produits phytosanitaires au niveau européen. « Nous avons obtenu des résultats surprenants. Nous avons constaté que les pesticides avaient un effet sur le long terme et à une faible concentration. Dans un premier temps, ils modifient le rythme de développement des cellules phytoplanctoniques et impactent leur croissance. Puis, dans un second temps, il se peut que les perturbations soient transmises aux générations suivantes par l'altération génétique. Les planctons potentiellement toxiques, plus résistants, se multiplient au détriment des planctons plus sensibles. Cela déséquilibre totalement le milieu. »

Les résultats de ces recherches ont été synthétisés en 2014 dans un livre collectif coordonné par Geneviève Arzul et Françoise Quiniou, *Plancton marin et pesticides : quels liens ?*. À la fin de l'ouvrage, les deux scientifiques établissent l'effet délétère des pesticides sur les eaux côtières : « Ces zones sont particulièrement propices au développement des organismes planctoniques, en raison des conditions environnementales qu'ils y trouvent. Cependant, l'effet stimulateur des eaux de ruissellement est contrebalancé par l'effet toxique des pesticides employés généralement en agriculture[4]. » Elles vont même plus loin, reconnaissant l'impact de ces produits sur le plancton, ses embryons et ses larves, mais également celui des fameux effets cocktail. Pour les deux scientifiques, cela ne fait aucun doute : « Les conséquences en sont diverses, tels le manque de recrutement ou les mortalités chez des organismes juvéniles par défaut de nourriture. Il en résulte une modification de la richesse floristique et faunistique, indicateur de la qualité du milieu, la biodiversité s'appauvrit et tend vers l'eutrophisation. Si de nombreuses causes ont entraîné la disparition de cent trente-trois espèces marines, dans 37 % des cas, elle serait imputable à l'altération de leurs milieux par les contaminations chimiques[5]. »

Elles concluent ainsi : « Le lien entre plancton marin et pesticides est bien réel en zones côtières impactées par la pollution diffuse des rejets anthropiques (agricoles, urbains...), soulignant la pression des pollutions d'origine terrigène sur l'écosystème côtier. La prise de conscience de cet impact devrait inciter à revoir les exigences économiques et à utiliser les nombreux moyens rendus disponibles grâce aux technologies et aux savoirs[6]. » Je repense aux tellines de Ronan Le Corre. À leur baisse de natalité et aux petits coquillages tordus. Peut-être a-t-il raison... Peut-être que l'explication de tout cela est à terre, dans les champs, les cultures et les exploitations agricoles. Comment se fait-il qu'on en soit encore aux supputations alors que les deux chercheuses ont rendu leurs premières conclusions il y a plus de dix ans ? « Nos travaux n'ont pas été repris, regrette Geneviève Arzul. Une fois que nous avons été à la retraite et que notre parole était plus libre, nous avons décidé d'écrire un livre pour partager notre travail. Mais je constate que les choses ont peu changé[7]. »

Quand la défense des dauphins occulte les dégâts des polluants chimiques

Lorsque je remonte dans ma voiture, je n'arrive pas à penser à autre chose. Pourquoi un sujet aussi important n'est-il pas décortiqué, étudié, relayé ? En France, il y a bien une étude sur le sujet menée conjointement depuis

2020 par l'Ifremer et l'Institut national de recherche pour l'agriculture, l'alimentation et l'environnement (Inrae) et qui sera publiée en 2022[8]. Mais c'est plus de vingt ans après les premières découvertes de Geneviève Arzul et Françoise Quiniou.

Une jeune chercheuse en écotoxicologie génétique, Audrey Barranger, est allée un peu plus vite. Doctorante à l'université de Nantes, elle a publié une thèse en 2015 sur l'impact d'un pesticide, le diuron, sur les huîtres creuses. Elle y cite d'ailleurs les travaux des deux scientifiques de l'Ifremer. Après des années de recherches, ses conclusions vont dans le même sens. Elle confirme la présence de pesticides dans le milieu marin et le fait que le phénomène soit peu documenté : « Lorsque les traitements phytosanitaires sont appliqués sur les surfaces agricoles, une faible part de ces produits atteint la cible souhaitée, le reste se trouvant dispersé dans tous les compartiments de l'environnement que sont l'air, l'eau et le sol. [...] Les milieux marins et littoraux sont les compartiments de l'environnement les moins bien renseignés sur le niveau de contamination des pesticides[9]. »

Pourtant, selon elle, l'impact sur les organismes aquatiques ne fait aucun doute : « L'absorption des polluants peut être externe (branchies, peau, essentiellement) ou interne et se faire par diverses voies (cutanée, brachiales, trophique). » La chercheuse ajoute : « Après avoir été absorbées, certaines substances ont la propriété de s'accumuler dans les tissus organiques des organismes vivants[10]. » Les effets en sont dévastateurs. Dans le cas d'une exposition au diuron, par exemple, cet herbicide qui a été interdit en 2003 en France mais qui reste présent dans de nombreuses produits utilisés pour protéger la coque des bateaux, on constate : une grave perturbation endocrinienne qui endommage la qualité des spermatozoïdes chez les huîtres creuses ; une diminution des succès de fécondation chez l'oursin ; et une tendance à un pseudo-hermaphrodisme chez le gastéropode *Nucella Lapillus* (petit bigorneau blanc) – « exemple le plus emblématique de perturbation endocrinienne dans l'environnement marin associé directement à une substance chimique connue », précise la chercheuse. Celle-ci note également que certains effets ont lieu à partir d'exposition de 0,01 µg/l à une autre molécule suspectée d'être un « perturbateur endocrinien », le métolachlore. Cet herbicide, on s'en souvient, est présent à des doses importantes dans les ruisseaux de La Torche et de Penmarc'h.

Pire : les pesticides ont non seulement un effet direct sur les organismes considérés, mais aussi un effet indirect puisqu'ils transmettent des anomalies génétiques à leurs descendants, comme l'avaient également supposé les deux chercheuses de l'Ifremer. Audrey Barranger pointe que les huîtres impactées transmettent un « matériel génétique endommagé » à leur descendance, ce qui cause des « anomalies de développement et des retards de croissance ». Elle constate également une plus faible croissance des naissains, même si cela semble s'atténuer dans le temps… Enfin, la chercheuse évoque un pan à ce jour délaissé par la recherche : les fameux « effets cocktail » de molécules, dont la combinaison peut être ravageuse. Pour finir, elle s'interroge sur la multiplication des facteurs qui agressent les océans : « Il est intéressant de se demander quel peut être l'impact de l'acidification des océans et de la hausse de la température sur le milieu marin en lien avec la pollution chimique[11]. »

En la lisant, je pense à une autre variable : la contamination des eaux marines et côtières par les polluants véhiculés dans l'air, encore si peu étudiée. Laurent Chavaud, qui s'est intéressé de près aux coquilles Saint-Jacques, est parvenu à des conclusions similaires. Pour lui, une vie d'observation ne laisse aucun doute : les pesticides jouent bien un rôle destructeur. Il se fait très précis sur la manière dont les coquilles réagissent au manque d'oxygène dans l'eau : « Nous détectons qu'elles présentent des mouvements anormaux lorsque la concentration en oxygène de l'eau de mer diminue. C'est le cas lorsque les efflorescences de phytoplancton s'achèvent et que les microalgues toxiques s'accumulent. Alors la coquille Saint-Jacques se met à s'agiter bizarrement. Elle est paniquée. Ses mouvements valvaires, sa nage, son déplacement, qui s'apparente de façon presque systématique à une fuite, témoignent d'une prédation ou de la dégradation de la qualité de l'eau[12]. »

Ainsi donc, tous les spécialistes rencontrés sont unanimes : les pesticides ont un effet avéré sur la population marine. Ils sont trop peu nombreux à y travailler, leurs travaux ont peu de résonance et ils peinent à se faire entendre. Mais leurs conclusions ne souffrent aucune ambiguïté… Tout cela me laisse dans l'incompréhension et même la colère. Voilà soixante-dix ans bientôt que les produits chimiques sont utilisés et on commence à peine à entrevoir leurs effets sur les océans et ses habitants. À la place, depuis les années 2000, on accuse la pêche sans relâche. Bien sûr, il y a eu et il y a de la surpêche. Bien sûr, les gros navires industriels et leurs méthodes cruelles mettent en danger la ressource. Les pêcheurs du coin le reconnaissent volontiers. Pour autant, est-ce la peine de cibler tous les pêcheurs, des marins artisanaux à ceux qui travaillent sur les bateaux-usines, sans distinction ? Est-ce la peine de les courser pendant des mois parce que des dauphins se prennent accidentellement dans leurs filets ?

Sea Shepherd s'obstine à rendre les pêcheurs bretons responsables de l'hécatombe des dauphins, mais Pierre Mollo suggère une autre explication : la prolifération du plancton toxique type *alexandrium*. Celui-ci a la particularité de causer des troubles neurologiques comme la perte de l'équilibre et de l'orientation. Pour lui, les dauphins en seraient victimes et s'échoueraient sur les plages après s'être perdus dans les eaux côtières. De toutes les façons, dit-il, la présence de phytoplancton toxique à la base de la chaîne alimentaire condamne à long terme l'ensemble des animaux marins. Les dauphins comme les autres. Dans ces conditions, ne vaudrait-il pas mieux tourner nos regards vers la terre ? Et s'intéresser à ce bel inconnu microscopique qu'est le plancton ? Finalement, peut-être que Sea Shepherd dessert la cause des dauphins plus qu'elle ne l'aide. Pendant que son hors-bord, le *Clementine*, sillonne spectaculairement le golfe de Gascogne, on s'intéresse moins à la gravissime pollution des côtes bretonnes.

Une fois de plus, les tellines de Ronan Le Corre me viennent en tête. Se peut-il que leur stock s'effondre à cause du phytoplancton toxique ? Ou bien qu'elles fassent partie d'une génération dont les géniteurs ont été affectés par des pesticides ? Et que ceux-ci leur aient transmis un matériel génétique endommagé ? Est-ce que la génération précédente pourrait avoir été impactée par une exposition à l'asulame, l'atrazine, l'alachlore, au bentazone ou au métolachlore, ces substances retrouvées à haute dose dans les eaux des ruisseaux de Penmarc'h et de La Torche ? Dans ce cas, d'où viennent ces produits ? Pourquoi les a-t-on retrouvés en de telles quantités en 2018 et 2019 ? À quoi cela correspond-il ? Pourquoi est-il si compliqué d'avoir des réponses à ces questions ? Une fois de plus, il faut suivre le chemin des pesticides. Ceux-ci me mènent à la pointe de La Torche…

7

Les tulipes et les pesticides à la pointe de La Torche

Située au bout du bout du Finistère, la pointe de La Torche est connue pour la glisse, le vent, les randonnées et… les tulipes. Dès le mois d'avril, des visiteurs venus de toute l'Europe viennent admirer les célèbres fleurs. Les parkings sont bondés de camping-cars et une longue file de voitures s'étire le long des routes. Les touristes se pressent, avec leur appareil photo, pour admirer les champs transformés en mosaïques multicolores. Des jacinthes et des tulipes violettes, roses, orange ou rouges s'étalent à perte de vue. On les voit s'extasier en sillonnant les allées et repartir les bras chargés de bouquets. Quelques fois, une femme âgée, les cheveux gris et le dos courbé, observe ce manège d'un air réprobateur. Lorsqu'elle croise un promeneur qui se dirige vers les champs, elle lui lance : « N'y allez pas, c'est plein de pesticides. »

La longue bataille des riverains

Car les célèbres tulipes sont loin d'être innocentes. Elles sont même une source de discorde depuis plus de vingt ans à la pointe de La Torche. Les bulbiculteurs qui les cultivent sont soupçonnés d'utiliser des produits phytosanitaires à des doses élevées et même des molécules interdites. Se peut-il que les pesticides retrouvés dans les analyses des ruisseaux viennent de là ? « Les prélèvements ont été faits pour comprendre ce qui se passe, notamment au niveau des pratiques agricoles, me confie Bernard Trebern en décembre 2020. Cela fait dix ans qu'il y a un problème de mortalité chez les tellines, il faut bien savoir d'où ça vient[1]. » Ronan Le Corre a déclaré, pensif devant son ruisseau devenu rose : « On se demande bien d'où viennent les produits avec lesquels les bulbiculteurs défrichent[2]. » De même que Sven Niel, qui a perdu ses abeilles : « Cela fait plusieurs années que je me bats contre leurs pratiques[3]. » Fabrice Nicolino, journaliste de *Charlie Hebdo*, s'est lui aussi penché sur le sujet dans un article d'avril 2018 où il écrit : « Dans un des coins les plus beaux de France – la baie d'Audierne –, les pesticides empoisonnent l'Atlantique, et les surfeurs de la pointe de La Torche éternuent. La faute aux belles monocultures de tulipes et de jacinthes, gorgées de produits toxiques[4]. » Bref, ici, quand on parle pesticides, tous les regards se tournent vers les bulbiculteurs de La Torche. Seraient-ils une des clés de l'énigme ?

Plus on s'approche de la pointe, plus le mystère s'épaissit. Une véritable chape de plomb semble s'être abattue sur le quartier. Les gens veulent bien témoigner, mais ne souhaitent pas être cités. « Ici on préfère être prudents, nous avons peur des répercussions si on parle », me disent-ils. Quand on leur assure l'anonymat, leur langue se délie. Ils font état d'épandages de pesticides par temps de pluie et de cours d'eau pollués qui finissent leur course dans la mer. Ils évoquent des maladies dont le lien avec les pesticides n'a pas pu être prouvé. Ils me racontent comment, depuis des années, ils s'opposent aux pratiques agricoles. Ils affirment avoir été victimes d'agressions, de violences et avoir déposé plainte à la gendarmerie sans qu'il y ait eu de suite. Tous déplorent leur sensation de solitude et regrettent que les élus ne soutiennent pas leur démarche. Tous continuent leur combat sans vouloir être exposés. Alors, pour prouver leurs dires et lutter encore, ils me livrent des articles, des documents et des témoignages grâce auxquels j'arrive à retracer vingt ans de lutte acharnée. Une lutte entre les riverains et les bulbiculteurs dont l'issue est aujourd'hui encore incertaine. Une lutte à l'image de celles que mènent des milliers de riverains contre les pesticides depuis des années dans toute la France.

Dans mes souvenirs d'enfant, la pointe de La Torche était un endroit sauvage, loin du monde, battu par les vents. Lorsqu'il y avait des tempêtes, nous allions nous y promener en famille, sentir les bourrasques et les embruns. Et nous faire peur en regardant les énormes vagues claquer contre les rochers. La plage est immense et s'étire, longue et blanche, le long de la baie d'Audierne. Derrière, ce sont les dunes recouvertes d'une herbe rare et sèche, comme une steppe. Je m'y suis perdue, petite, alors qu'il faisait nuit. Ma grand-mère nous y avait amenées, ma sœur et moi, admirer les lapins sauvages et, à la nuit tombée, nous avions été avalées par l'obscurité. Ma grand-mère avait eu très peur, nous avait appelées, longtemps, en parcourant les dunes de sable. Je me souviens de cette impression de solitude et d'immensité. Aujourd'hui, La Torche est devenue un spot de surf ultrafréquenté l'été, où une foule se presse sur la plage et dans les vagues. Elle perd alors son ambiance de bout du monde pour la retrouver l'hiver, quand les touristes sont repartis.

Impossible de s'imaginer qu'à quelques mètres seulement de la plage, des hommes et des femmes s'opposent à une culture qu'ils accusent de souiller la terre et les eaux côtières. L'activité bulbicole s'est développée dans les années 1980 avec l'arrivée de deux familles d'origine hollandaise – rejointes quelques années plus tard par un exploitant angevin – désireuses de profiter du climat doux et du sol sablonneux. Depuis 1965, la chambre d'agriculture cherchait à diversifier le maraîchage traditionnel, et la culture des bulbes était vue comme une opportunité. Dès 1999, de premiers signes alarmants sont apparus : « Difficultés respiratoires, toux, oppression, démangeaisons, voile oculaire, nausées, vertiges apparaissent au moment des traitements et inquiètent les riverains », détaille un dossier publié en 2007 dans le magazine de l'association Eau & Rivières[5]. Cette année-là, certains habitants décident de créer l'association Mouezh an Douar (« La voix de la terre » en breton) pour dénoncer la situation. C'est le début d'une longue bataille qui, bien des années et des déconvenues plus tard, s'est transformée en une résistance silencieuse.

En février 2000 pourtant, cela semble bien parti. Réactif aux plaintes des riverains, le conseil général organise une grande réunion avec les élus et les parties prenantes pour entamer un dialogue. Peine perdue, les nuisances se poursuivent. Les habitants sont importunés par le bruit de cinquante ventilateurs qui servent à sécher les bulbes. En 2003 et 2004, les incidents s'enchaînent. Un ancien membre de Mouezh an Douar se souvient : « La culture des bulbes est très gourmande en eau et les bulbiculteurs se servaient directement sur le site. En 2003, ils avaient déjà pompé dans un étang et son niveau avait été exceptionnellement bas. Là, en 2004, ils ont carrément détourné un ruisseau pour arroser leur culture. Après une plainte, ils ont été mis en demeure de le remettre en état. »

Toujours en 2004, le Service régional de protection des végétaux (SRPV) fait un contrôle inopiné. Dans la foulée, le préfet envoie un courrier aux élus pour les avertir de la découverte de « quatre-vingt-six spécialités ayant des usages limités dont trente et une des usages inadmissibles[6] ». Face à ces manquements aux règles, la préfecture semble prendre les choses en main : « Elle interdit l'usage du Temik, un insecticide ; oblige à la destruction de produits phytosanitaires ne disposant pas d'autorisation de mise sur le marché et elle oblige à une régularisation des produits venant de Hollande. Enfin, elle instaure un programme de suivi », est-il précisé dans le dossier d'Eau & Rivières. Pour clore le tout, une charte des bonnes pratiques est mise en place. La situation semble s'améliorer. À ce moment-là, les habitants ont dû se dire qu'une belle manche venait d'être remportée…

Las, dès l'année suivante, en 2005, les troubles reprennent. Cette fois-ci, les bulbiculteurs brûlent vingt-huit balles de fanes d'iris auparavant traités avec des produits phytosanitaires. « Les fumées âcres et très irritantes envahissent les jardins et les habitations, s'incrustent dans les haies et sont responsables de problèmes respiratoires, oculaires et digestifs. Brûlés sans surveillance par un vent de 6 Beaufort, ils ont nécessité l'intervention des pompiers à la tombée de la nuit[7]. » Suite à ces abus, une commission « brûlage » est mise en place à la mairie, mais le problème n'est pas réglé pour autant et persiste au moins jusqu'en 2007. Sans compter le pompage qui continue dans les étangs et les problèmes d'odeurs liées aux épandages sur les parcelles. Au printemps 2010, enfin, un contrôle est effectué par les agents de la Direction régionale de l'alimentation, de l'agriculture et de la forêt (DRAAF). D'après un article du *Télégramme*, ils trouvent du Goltix, du Camix et autres Banko 500 et Prowl 400, des herbicides et des fongicides classés dangereux pour l'environnement et non homologués pour la bulbiculture. L'association

Eau & Rivières décide de se porter partie civile et l'affaire est portée devant le tribunal.

En octobre 2012, soit treize ans après le début d'un laborieux combat, la justice s'empare du cas. Mais ce qui aurait dû être un moment d'explication public et contradictoire se transforme en une audition loin des regards, dans le bureau du procureur du tribunal. Les trois « accusés » ont eu recours à la procédure de « comparution sur reconnaissance préalable de culpabilité », qui permet une audition rapide dès lors que l'accusé reconnaît les faits. Arnaud Clugery, directeur opérationnel d'Eau & Rivières de Bretagne, était présent : « Nous représentions la partie civile à l'audience. Nous étions dans un petit bureau, avec le juge et les prévenus », raconte-t-il[8]. Les bulbiculteurs, quant à eux, se défendent dans un article du *Télégramme*[9]. Ils y expliquent que les produits utilisés étaient autorisés aux Pays-Bas mais pas en France, faute d'homologation. Résultat de cette audience en catimini : une amende de 3 000 euros dont 1 500 à 2 000 euros avec sursis, assortie de 600 euros de dommages et intérêts à l'association.

La perspective d'être enfin entendus renaît à nouveau au second semestre 2018, lorsque les services de l'État sont une nouvelle fois alertés pour usages inappropriés de produits phytosanitaires. Une enquête est alors diligentée. Des représentants des services de l'État vont chez les bulbiculteurs pour vérifier les registres où sont, théoriquement, répertoriés l'ensemble des produits utilisés. Les cultivateurs sont même entendus plusieurs fois par les gendarmes. Encore une fois, les conclusions sont alarmantes : « L'enquête a mis en évidence l'utilisation de produits phytopharmaceutiques en surdosage ou sans en respecter les conditions d'utilisation et un défaut de tenue de registre de suivi de l'utilisation des produits phytopharmaceutiques[10]. » Cette fois-ci, l'affaire sera portée au tribunal de grande instance de Quimper et deux bulbiculteurs sont condamnés à des amendes « significatives », d'après les termes d'un communiqué de presse de la préfecture daté du 6 juin 2019. Qui a été condamné ? Pour quel type de produits utilisés ? Quel est le montant de l'amende ? Impossible de le savoir. La préfecture n'a pas répondu à mes demandes d'informations.

Les services de l'État se défaussent

Le silence, l'opacité, la difficulté à avoir accès aux éléments les plus basiques, voilà ce à quoi ont été perpétuellement confrontées les associations. « Il a été très difficile d'être tenus informés de ce qui se passait suite à nos revendications et à nos plaintes, témoigne l'un des membres d'une association. Par exemple, une charte a été signée en 2004 entre les bulbiculteurs et la chambre d'agriculture et nous n'avons pas pu la consulter. Nous sommes même passés par la CADA qui nous en a refusé l'accès. Pendant toute une période, nous avions un contact à la préfecture qui nous tenait au courant, mais une fois que cette personne est partie, nous sommes retombés dans l'ignorance. C'est usant. J'ai fini par arrêter de lutter. Par lassitude. »

Alors, en cette année 2021, que se passe-t-il vraiment à la pointe de La Torche ? Si l'on en croit les résultats d'analyses rendus publics par Bernard Trebern, la situation reste préoccupante. Après des mois de recherches, j'ai enfin obtenu l'analyse éclairée d'un expert en produits phytosanitaires, Guy Le Hénaff. Cet ancien ingénieur-chercheur, spécialiste en pollutions diffuses agricoles par les pesticides et en protection de l'eau, a travaillé pendant trente-neuf ans au ministère de l'Agriculture au sein de la DRAAF et du SRPV, puis à l'Institut de recherches scientifiques et techniques pour l'environnement et l'agriculture

(IRSTEA) de Lyon. Il me confirme la gravité des faits : « En eau potable, la concentration maximale autorisée par pesticide est de 0,1 µg/l d'eau et de 0,5 µg/l en cumulé. Là, dans le ruisseau de Penmarc'h, le métolachlore apparaît à quarante fois le volume autorisé puisqu'il atteint 3,76 µg/l en octobre 2018. Plus grave, on trouve de l'asulame, un produit interdit en France et en Europe depuis 2014, à dix fois la dose si le produit était autorisé. Là, il y a vraiment un problème car une telle quantité ne peut pas être expliquée par la présence de résidus, ces traces qui restent dans le sol après une utilisation ancienne. Comme vous l'avez noté, il y a un bruit de fond, où la quantité de produit s'élève aux alentours de 0,025 µg/l au printemps. Puis en juillet 2018, les chiffres atteignent 1 µg/l. Dans ce cas, je pense qu'il s'agit d'une utilisation d'asulame qui a eu lieu dans l'année culturale. L'utilisateur se l'est sans doute procuré de manière illicite *via* une importation frauduleuse par exemple du côté de l'Asie, à moins qu'il ne s'agisse d'un stock de précaution constitué avant l'interdiction. J'ai déjà vu cela dans ma carrière. Quant aux analyses du ruisseau de La Torche, on trouve des métabolites de l'alachlore à des doses importantes. Là aussi, il s'agit d'un produit interdit d'utilisation depuis 2008. Une telle teneur ne peut être expliquée que par de fortes pluies qui auraient eu lieu avant le prélèvement d'eau ou, là encore, par un apport illicite[11]. »

Je pense aux tellines de Ronan Le Corre. Se peut-il que de tels produits soient transportés jusqu'au rivage ? Pour Guy Le Hénaff, cela ne fait aucun doute : « Le sable dont sont constitué les sols de la pointe de La Torche ne retient pas les produits qu'il reçoit. On dit qu'il n'a pas de mémoire à cause de ses faibles teneurs en argile et de la dégradation rapide de la matière organique. C'est donc un terrain extrêmement vulnérable aux traitements phytosanitaires. Les molécules se fixent peu au sol et, dès qu'il y a de fortes pluies, elles suivent le chemin du ruissellement et du drainage. Cela entraîne directement les produits dans la mer. Comme il y a de moins en moins de zones humides, dont le rôle est de filtrer et de servir de tampon, la teneur en pesticides reste importante lorsque l'eau douce arrive dans l'eau de mer. » La photographie se précise. Il est fort probable que la baie de La Torche reçoive des doses conséquentes de pesticides liées aux pratiques agricoles des bulbiculteurs et des autres exploitants. Il se peut donc que l'équilibre du plancton s'en trouve perturbé.

Est-ce que les stocks de tellines peuvent en être impactés ? Dans ce cas, que font les collectivités locales, les services de l'État ? Est-ce qu'ils ont agi suite à la découverte de ces résultats effrayants ? Ont-ils remonté les pistes pour savoir d'où proviennent ces pesticides, qui les utilisent, comment ? Ont-ils pris des décisions ? Je contacte d'abord la mairie de Penmarc'h, dont le ruisseau, qui prend naissance derrière la pointe de La Torche, traverse toute la commune pour se jeter dans la mer à Saint-Guénolé (le port du *Cyrus*). C'est la surprise. Pour eux comme pour moi. La maire, Gwenola Le Troadec, explique ne pas avoir eu connaissance de ces analyses : « Je participe, en tant qu'élue, aux réunions de l'OUESCO, la structure qui gère l'eau au niveau intercommunal. Mais on ne me les a jamais transmises[12]. » Quant à son directeur général des services, Yohan Madec, il m'explique : « L'eau ne fait pas partie de nos compétences. Malheureusement, on ne peut pas faire grand-chose[13]. » Je repars en leur laissant les analyses et en espérant qu'ils en feront bon usage.

Même discours à Plomeur, où se situe la pointe de La Torche. J'y rencontre Ronan Crédou, le maire. Là aussi, c'est l'étonnement : « Je n'ai pas eu connaissance de ces données, ce n'est pas normal », me dit-il[14]. Qu'en pense-t-il maintenant qu'il les a sous les yeux ? « Nous devrions pouvoir nous renseigner, savoir d'où ça vient, regrette-t-il. Mais nous ne pouvons pas le faire, nous n'en avons pas les compétences. » Ronan Crédou a une position un peu spéciale : il est lui-même agriculteur. Certains lui reprochent une certaine sollicitude vis-à-vis de ses collègues, mais ce jour-là on ressent un agacement : « Évidemment, il ne faut pas mettre tout le monde dans le même panier. Mais certaines manières de faire sont inadmissibles. On n'a pas le droit d'utiliser ces produits, il en va de la santé des professionnels, mais aussi de celle des autres. En plus, cela donne une mauvaise image de notre profession. » Alors, que fait-il pour résoudre le problème des bulbiculteurs qui dure tout de même depuis vingt ans ? Le maire me scrute de ses yeux clairs. Je sens qu'il hésite entre la sincérité et une réponse plus convenue. Il opte pour un entre-deux : « Franchement, je ne reste pas inactif. Je surveille ce qui se passe sur ma commune et j'interviens s'il le faut. Par contre, je ne vais pas le crier sur tous les toits. Je sais que certains le prendraient mal. » Il ne m'en dira pas plus.

Enfin, en mai 2021, je me rends à l'OUESCO, cette fameuse structure chargée de la gestion durable de la ressource en eau. Thomas Picheral, son directeur, est chargé d'apporter les réponses techniques. Il commence par me dire que l'OUESCO ne dispose pas de toutes les compétences requises pour analyser finement les résultats des analyses : « C'est un sujet assez nouveau, qui demande beaucoup d'expertise », précise-t-il[15]. Puis il m'indique que 55 % des masses d'eau sont en bon état dans la zone gérée par l'OUESCO et que les ruisseaux de La Torche et de Penmarc'h ont un flux minime par rapport à d'autres affluents qui se jettent dans la mer. Enfin, il convient tout de même : « Nous avons une vraie problématique à La Torche. Il y a un nombre important de molécules et à une concentration importante. On ne sait pas si les chiffres sont liés à des résidus qui persistent dans le sol et il est difficile de savoir quelles conséquences peuvent avoir les effets cocktail. Il y a du travail, ce n'est pas simple. » Comme à la mairie de Plomeur, on sent qu'il est délicat de s'exprimer sur le sujet : « Nous avons présenté les résultats à un groupe de travail, qui comprend des agriculteurs, des conseillers agricoles et la chambre d'agriculture, pour trouver une solution. C'est complexe. »

Éric Jousseaume, le président de l'OUESCO, se veut conciliant : « Nous avons établi un climat de confiance avec les agriculteurs et nous voulons le préserver. Nous ne pouvons pas avoir un discours stigmatisant, tout le monde serait perdant. Nous les accompagnons pour changer leurs pratiques, cela demande du temps et de la patience[16]. » Thomas Picheral met en avant les actions récemment mises en place *via* une chargée de mission spécialement dédiée à la tâche : « Nous avons lancé des expérimentations. L'une consiste à faire des diagnostics de parcelles avec les agriculteurs volontaires afin de proposer des réaménagements. Cela comprend la création de zones tampons notamment. L'autre est le test d'une technique de désherbage thermique adaptée à la bulbiculture. C'est nous qui prenons en charge les frais, cela évite aux agriculteurs de supporter les surcoûts financiers. » Quant à savoir exactement qui utilise des produits interdits et quels peuvent en être les effets sur la zone côtière, « ce n'est pas de notre compétence » sera la seule réponse obtenue.

L'OUESCO pourrait faire appel aux services de l'État, seuls habilités à lancer une enquête et à consulter les registres des produits phytosanitaires utilisés par les agriculteurs de la zone. Mais quand on veut savoir si la préfecture prête une attention particulière au dossier ou s'il y a un suivi, impossible d'obtenir l'information. J'ai d'abord contacté la

Direction départementale des territoires et de la mer du Finistère qui m'a renvoyée vers la Direction départementale de la protection des populations (DDPP) du Finistère. Celle-ci m'a répondu par mail[17] : « Considérant la sensibilité du sujet, il ne m'est pas possible de donner suite à votre demande à mon niveau » ; et elle m'a réorientée vers la préfecture. Laquelle n'a jamais répondu à ma requête.

Il ne me reste plus qu'à contacter les bulbiculteurs. Là aussi, c'est le silence. Ils me disent être lassés. En avoir marre d'être attaqués, de devoir répondre de leurs actes, de devoir se justifier depuis des années. Néanmoins, chacun d'eux a une réaction différente. À Florimer, on tient à être transparent : « Cela fait longtemps que nous avons changé nos pratiques. Nous répertorions tous les produits que nous utilisons et nous voulons obtenir la labellisation “plantes bleues”. Nous avons été contrôlés en 2018 comme les autres et nous avons montré nos registres. Ce n'est pas très agréable, mais nous n'avons rien à cacher[18] ».

Du côté, de l'entreprise Kaptein, le directeur (qui a pris la succession de son père) m'assure avoir fait évoluer ses pratiques : « Je me suis reconverti en maraîchage bio, plaide-t-il, je n'ai plus qu'une part très faible de fleurs. Ce n'est pas toujours facile, cela demande beaucoup d'investissements et de grosses machines[19]. » Il n'a pourtant pas souhaité m'en dire plus ni me rencontrer. Enfin, le directeur de l'exploitation Kaandorp m'envoie un refus poli par mail : « Je suis désolé de ne pouvoir donner une suite favorable à votre demande. Je suis malheureusement fatigué de devoir me défendre une fois de plus sur du “ragottage diffamatoire”. [...] Aujourd'hui nous travaillons en étroite collaboration avec entre autres l'OUESCO pour trouver des solutions vertueuses pour l'environnement. De plus, les analyses d'eau ont bien montré que les substances trouvées ne viennent en majeure partie pas de la bulbiculture, mais notre objectif actuel est qu'on n'en retrouve pas du tout[20]. » Lorsque je lui demande de quelles analyses il s'agit, il ne me répond pas. Et aucun autre acteur n'en a connaissance.

Pendant ce temps, alors que les politiques s'estiment impuissants et que l'OUESCO travaille à instaurer un climat de confiance, la vie n'est pas toujours rose à la pointe de La Torche. En avril 2021, un riverain fait mention d'épandage de fiente d'oiseau sur les parcelles de l'un des bulbiculteurs. La substance est étendue sur la terre sans être enfouie, l'odeur est infecte et la matière fécale se dépose partout, sur les fenêtres, les vitres de voitures et dans les jardins. Les petits ruisseaux, juste derrière les dunes qui donnent sur la plage de La Torche, sont toujours déviés et certains sont recouverts de mousse blanche. La nature tente malgré tout de prendre le dessus. Au printemps 2021, cinq petits cygnes sont nés. On peut les apercevoir, en rang derrière leur maman, traverser le plan d'eau d'une couleur douteuse. En les voyant ainsi, on leur souhaite de profiter de cette insouciance. L'année précédente, la famille de quatre cygnes qui avait niché là est morte de faim. Il n'y avait plus rien à manger dans la mare gavée de pesticides. Comme quoi, vouloir sauver les dauphins c'est bien. Mais ce n'est pas une raison pour oublier la terre. Les cygnes aussi ont le droit de grandir.

III

Comment les multinationales ont volé le discours climatique

8

Les armes de persuasion massive des multinationales

Pourquoi une telle situation a-t-elle pu perdurer pendant plus de vingt ans à Plomeur ? Pourquoi une telle lenteur des acteurs locaux malgré les signaux évidents de la détérioration de la qualité de l'eau douce et, par conséquent, des eaux côtières ? On pourrait en conclure qu'il est difficile pour les élus de jeter l'opprobre sur une entreprise emblématique de leur territoire. Que leur tolérance est liée à une trop grande proximité géographique. C'est en partie vrai, mais cela n'explique pas tout. Si l'on « dézoome », on observe le même phénomène aux niveaux national et international. Après une succession de sommets climatiques, les États en sont toujours à la déclaration d'intention. La seule solution proposée est celle du « développement durable » à terre et de l'« économie bleue » en mer. Le discours politique bugue et re-bugue malgré les années, les preuves accumulées, les protestations, les prises de conscience, la résistance des uns et des autres…

Les « contre-feux environnementaux » du monde des affaires

Pour comprendre pourquoi ça patine, il faut quitter le pays bigouden, les marins et les bulbiculteurs, pour adopter un point de vue plus global. D'ici, on dirait que tout est déconnecté. Que l'utilisation de pesticides à la pointe de La Torche n'a rien à voir avec la manière dont la politique climatique est conçue à l'échelle internationale. Que les pêcheurs du Guilvinec n'ont aucun lien avec l'élaboration patiente d'un *storytelling* environnemental. Qu'il est normal que des ONG s'acharnent sur les uns en oubliant les autres. Pourtant, tout est lié, tout procède d'une même logique. Pour analyser ce qui se passe dans mon village, je suis obligée de faire un détour par les États-Unis des années 1970. Et par le sommet de Rio, en 1992, où un couple détonnant, et pourtant méconnu du grand public, a posé les grands principes du développement durable et, partant, de l'économie bleue.

Le climat est devenu une question sociétale dans l'Amérique des années 1970. La première « journée de la Terre », le 22 avril 1970, a été emblématique. Elle a marqué les débuts de la mobilisation d'une société civile inquiète pour l'avenir de ses enfants. Des milliers de manifestants ont marché sur la 5e avenue de New York ce jour-là. Mais aussi à Washington, Boston et Philadelphie, où les participants, venus en famille, ont fait un sit-in dans l'herbe. Une photo montre une petite fille avec des couettes qui circule entre les manifestants en arborant le slogan *Let me grow up* (laissez-moi grandir) sur son tee-shirt. Quelques années avant, en 1962, l'ouvrage de la biologiste américaine Rachel Carson, *Silent Spring*, avait éveillé les consciences en dénonçant – déjà – les effets des pesticides sur l'environnement et plus particulièrement sur les oiseaux[1]. À la même période, deux grandes ONG environnementales, Les Amis de la Terre et Greenpeace, ont été créées, respectivement, en 1969 et 1971. Plus tard, le rapport Meadows, sorti en 1972, a pointé les limites d'une croissance infinie sur une planète finie[2]. Le gouvernement Nixon, qui ne pouvait pas rester sourd à ces préoccupations, a promulgué une série de mesures contraignantes dans la foulée : la loi sur l'air, qui a imposé des sanctions vis-à-vis des industries polluantes ; la loi sur l'eau ou encore la loi sur la protection des espèces menacées. Enfin, en 1970, il a créé l'Agence de protection de l'environnement (EPA), dont la mission est de « protéger la santé humaine et l'environnement ».

C'est à cette époque que le débat s'est cristallisé autour de deux grands pôles : d'un côté, une partie de la société civile, menée par le mouvement écologiste, qui réclame des mesures environnementales ; de l'autre, un ensemble d'acteurs mêlant des industriels, des hommes d'affaires, des multinationales, des banquiers, des financiers et des acteurs politiques, qui font tout pour protéger un système économique leur permettant de prospérer. C'est pourquoi, au moment même où est née la conscience écologique globale, une stratégie a été conçue pour la contrecarrer. Celle-ci est si puissante, si redoutable et si bien pensée qu'elle est encore à l'œuvre aujourd'hui.

Logiquement, c'est dans les années 1970 que les « contre-feux environnementaux » ont démarré. Pour les hommes d'affaires, ce tournant écologique, suivi de la création de nouvelles contraintes environnementales, a été vu comme un véritable frein : il venait entraver la liberté d'entreprendre, mais également celle de réaliser des profits. Si bien qu'ils ont eu, dès le départ, une vision totalement apocalyptique du mouvement qui secouait l'Amérique. C'est ce dont témoigne cette déclaration de David Rockefeller, président de la Chase Manhattan Bank, en 1971, citée par le philosophe Grégoire Chamayou : « Il est à peine exagéré de dire que le *business* américain fait aujourd'hui face à la plus grave défaveur publique qu'il ait connue depuis les années 1930. On nous accuse de détériorer la condition des travailleurs, de tromper les consommateurs, de détruire l'environnement et de léser les jeunes générations[3]. »

Le monde de l'industrie a vite réagi, refusant de se laisser enfermer dans une logique de régulation étatique. C'était la guerre froide et l'État était synonyme de menace communiste. Il était impensable, voire dangereux, que la créativité des entrepreneurs soit entravée par des lois et des décrets, même s'ils répondaient à une demande de la rue. Les hommes d'affaires se sont donc fédérés pour organiser ce qui sera qualifié, plus tard, de « contre-feu environnemental » (*environmental backlash*)[4]. Comme l'a expliqué l'historien des sciences, Christophe Bonneuil, ils ont riposté sur tous les fronts pour éradiquer cette nouvelle menace. Épaulés par une armée d'avocats, ils ont lancé des contentieux pour remettre en cause les réglementations environnementales, jugées trop coercitives ; ils ont monté des *think tanks* pour influencer le débat public en faveur du libre marché ; ils ont payé des experts pour semer le doute sur les véritables origines des pollutions et, surtout, mettre en évidence le coût économique de ces nouvelles mesures.

Enfin, après cette première manche, ils ont fait en sorte que l'État ne vienne plus troubler leurs activités dans le futur. C'est là qu'ils ont mis au point l'orientation centrale de leur stratégie, le coup de génie qui leur permet, encore aujourd'hui, d'influencer la politique climatique. Au lieu de subir une réglementation décidée au niveau étatique et dont le contenu leur échappe, les industriels ont décidé d'anticiper les critiques et de proposer eux-mêmes de nouvelles règles du jeu. Des règles qui vont dans le sens des revendications du moment mais qui, bien sûr, sont compatibles avec leurs business. En gros, devancer les lois pour ne pas être enfermés dans leurs carcans. C'est encore David Rockefeller qui l'exprime le plus clairement à cette époque : « Les hommes d'affaires n'ont pas d'autre choix que de devenir eux-mêmes des réformateurs, de s'efforcer d'adapter consciemment le fonctionnement du système de marché à notre environnement social, politique et technologique en mutation. [...] La question se résume à ceci : les dirigeants d'entreprise vont-ils prendre l'initiative pour opérer les changements nécessaires et prendre volontairement de nouvelles responsabilités, ou bien vont-ils attendre que celles-ci leur soient imposées par la loi[5] ? » Ce sont les débuts du *greenwashing*.

À partir de ce moment-là, comme l'explique Grégoire Chamayou, les dirigeants d'entreprise, conscients d'être soumis au regard critique de leurs détracteurs, ont adopté un nouveau langage et un nouveau modèle de vertu. Ils ont mis en avant le concept de « responsabilité sociale » des entreprises, dont ils ont fait la promotion à travers des spots publicitaires. Comme ce slogan scandé par le pétrolier Texaco : « Nous travaillons à conserver votre confiance » ; ou encore celui du groupe Union Carbide (dont le nom serait plus tard lié à la catastrophe de Bhopal qui a fait des milliers de victimes en 1984) : « Aujourd'hui, ce que nous faisons va toucher votre vie[6]. » Et leur nouvel axe de communication amène une autre dimension à leur activité : le monde du *business* veut faire croire que son but n'est pas seulement de faire de l'argent, mais aussi d'œuvrer pour le bien commun. Stratégie à propos de laquelle s'est exprimé l'économiste conservateur Milton Friedman, l'un des plus fervents défenseurs du libre-échange (qui a reçu le prix Nobel en 1976) en ces termes : « Je ne peux pas blâmer les dirigeants d'entreprise pour débiter de pareilles inepties. En fait, je les blâmerais s'ils ne le faisaient pas. Compte tenu de l'état d'esprit du public en général, prétendre être socialement responsable est une façon pour l'entreprise d'accroître ses profits[7]. » Milton Friedman donnait ainsi sa bénédiction aux prémices du *storytelling* vert des multinationales.

Voilà comment le monde du *business* a étouffé dans l'œuf les réglementations environnementales. Il a adopté une stratégie « proactive » en matière climatique, lui permettant d'en faire le minimum alors que la loi érigée par l'État aurait pu lui demander d'en faire le maximum. Dans les années 1980, Reagan, qui avait fondé sa campagne sur la dérégulation, a succédé à Nixon. Il a minutieusement défait tout le cadre législatif tricoté par son prédécesseur et proclamé l'ère de la « liberté ». Depuis, le monde des affaires est resté très attentif à l'évolution des lois en matière de climat. Au fur et à mesure, il s'est organisé pour imposer sa propre vision de l'écologie au reste du monde. Il a patiemment construit des armes de persuasion massive pour coloniser nos esprits. Une fusée à trois étages, dont chaque composant joue un rôle bien précis. Au premier étage, on trouve les associations de firmes transnationales (AFT) ; au deuxième, les fondations philanthropiques ; et au troisième, certaines ONG nord-américaines. Voyons comment ce système fonctionne et comment il a permis de construire, patiemment, la notion d'économie bleue. Cette vision de l'écologie qui tolère les activités toxiques à terre et promeut le tourisme de masse tout en accusant les pêcheurs bretons de menacer la survie des océans.

Changing Course, 1992 : la « bible » climatique du *business*

Au premier étage donc, les AFT, ces regroupements de multinationales qui s'assemblent pour faire entendre leur voix et leurs idées. Une des premières d'entre elles et l'une des plus importantes en matière environnementale a vu le jour grâce à un étrange tandem habitué des sommets climatiques, le Canadien Maurice Strong (1929-2015) et le Suisse Stephan Schmidheiny (né en 1947). Tous deux étant à la fois « verts » et « gris » : de purs produits du *business* qui entendent sauver l'environnement.

Avant d'arriver à l'ONU, Maurice Strong a réalisé une très belle carrière dans le monde de l'industrie pétrolière, où il a successivement été vice-président de la Dome Petroleum puis président de la Power Corporation avant de prendre la tête de Petro Canada[8]. En 1972, alors qu'il a encore un pied dans les hydrocarbures, il a intégré l'univers dont il avait toujours rêvé : la diplomatie internationale[9]. Il est devenu directeur du Programme des Nations unies pour l'environnement (PNUE) et, vingt ans plus tard, après avoir gravi les échelons de l'ONU, il a été sollicité pour présider l'un des plus grands rassemblements climatiques de l'histoire : le Sommet de la Terre à Rio, en 1992. Arrivé à ce poste, soucieux de recueillir tous les points de vue et fidèle au milieu d'où il venait, il a demandé à Stephan Schmidheiny de devenir son principal conseiller en « entreprise et industrie ».

Cet *alter ego*, choisi pour l'épauler dans sa lourde tâche, est un milliardaire qui a hérité de l'affaire de son père, Eternit Suisse. En 1975, il a pris la tête de la branche qui fabrique de l'amiante tandis que son frère a pris celle qui produit du ciment (elle deviendra LafargeHolcim)[10]. Stephan Schmidheiny a mené la mission confiée par Maurice Strong avec beaucoup de sérieux. Il a rassemblé les cinquante dirigeants des plus grandes entreprises de l'époque au sein d'une alliance professionnelle créée pour l'occasion : le Business Council for Sustainable Development (BCSD). On y trouve les présidents (CEO) de Chevron, Shell, Volkswagen, Nissan, Mitsubishi, SC Johnson & Son ou encore Dow Chemical. Ensemble, ces représentants des industries du pétrole, de l'automobile et de la chimie ont réfléchi aux propositions que le *business* pouvait faire en faveur du climat. À l'issue d'un an de réunions, ils ont mis au point toute une série de recommandations qui ont été rassemblées dans un livre publié en 1992, *Changing Course* (changement de cap)[11]. Traduit en quinze langues, ce livre est devenu une sorte de « bible » du monde international des affaires dans le domaine climatique et il l'inspire encore trente ans plus tard pour fabriquer son discours.

C'est ainsi que le tandem Maurice Strong/Stephan Schmidheiny a contribué, dès le sommet de Rio, à doter le monde des affaires de deux instruments déterminants de lobbying. Le BCSD, une association professionnelle internationale (renommée World Business Council for Sustainable Development, WBCSD, lorsqu'elle sera fusionnée avec la Chambre de commerce internationale en 1995[12]), qui est devenue l'un des plus importants lobbies du monde des affaires sur les questions de l'environnement. Et sa doctrine, *the changing course*, dont les grands principes parsèment la politique climatique actuelle. D'un côté, une structure qui rassemble les plus grandes multinationales, véritable « cerveau » des opérations. De l'autre, un ouvrage qui jette les bases de leur *storytelling* sur le climat. En clair, dès 1992, grâce à ce duo, le ver du *business* est dans le fruit de la politique climatique.

Qu'est-ce que le WBCSD ? En 2021, il compte presque deux cents multinationales dans des domaines très divers[13]. Les industries chimiques dominent l'association (BASF, Dow Chemical, Monsanto, Procter and Gamble…), puis vient le secteur automobile (Toyota, Volkswagen, Mitsubishi, Honda…), celui de l'agroalimentaire (Danone, Griffith Fodd, Kellog's…), celui du service aux entreprises (McKinsey, KPMG, Deloitte…) et celui des hydrocarbures

(BP, Chevron, ENI, Petronas, Shell, Total). Il y a aussi celles qui fabriquent des dérivés de minerais non métalliques comme le ciment (LafargeHolcim, dont Stephan Schmidheiny a été administrateur), du caoutchouc et du plastique (Bridgestone, Continental, Pirelli, Goodyear...). La majorité d'entre elles (69 %) sont d'origine européenne (46 %) ou américaine (23 %). Le WBCSD rassemble donc les industries occidentales les plus influentes et les plus polluantes de la planète. Celles qui dominent le modèle de production et de consommation mondiale en vendant des bouteilles en plastique, des produits phytosanitaires – déversés à La Torche –, des pneus, des médicaments, de l'essence, du ciment ou des couches pour bébés. Celles dont les processus de fabrication produisent de fortes émissions de CO_2. Celles dont les déchets jonchent nos terres et nos mers.

Le WBCSD est influent non seulement parce que les entreprises qu'il représente sont mondialement connues, mais aussi parce qu'elles ont un statut prestigieux. En 2016, les deux tiers d'entre elles étaient présentes au classement de *Forbes* et vingt-quatre faisaient partie des cent premières du classement. De plus, les hommes qui représentent les firmes au sein du conseil doivent faire partie des échelons les plus élevés dans la hiérarchie, c'est-à-dire être des CEO ou des représentants du bureau ayant la responsabilité du développement durable, comme l'a souligné dans sa thèse le politologue suisse Nils Moussu[14]. Enfin, le ticket d'entrée est élevé : 80 000 francs suisses en 2016. Bref, le WBCSD a vocation à rassembler l'élite du milieu des affaires. La garantie que son discours, savamment construit, sera écouté lors des discussions climatiques. Celui-ci est entièrement fondé sur la « bible » d'origine, le fameux *Changing Course.* C'est un document précieux à double titre : il permet non seulement de saisir les positions de l'industrie sur le climat en 1992, mais aussi de revenir aux racines de la « fable climatique » telle qu'elle nous est racontée aujourd'hui.

Aux fondements de l'impossible concept de « développement durable »

Tout texte étant lié à son intention de départ, il n'est pas inutile de décrypter la déclaration faite à l'occasion de la création du BCSD, qui figure en introduction de l'ouvrage : « Le *business* va jouer un rôle vital pour préserver la santé de notre planète. En tant que dirigeants, nous sommes engagés dans une démarche de développement durable, pour répondre aux besoins présents sans compromettre le bien-être des générations futures. Ce concept reconnaît que la croissance économique et la protection de l'environnement sont liées, inextricablement[15]. » Dès l'origine, l'écologie est conçue comme allant de pair avec l'économie de marché. La déconnexion entre un modèle économique, qui tend vers une production infinie, et l'écologie, qui tend à préserver une planète finie (comme le soulignait le rapport Meadows paru vingt ans auparavant), n'est pas envisagée. Elle n'est même pas questionnée. Les auteurs de ces lignes étaient-ils cyniques ? Une bonne partie d'entre eux étaient sans doute sincères. Mais peut-être ont-ils pensé à la survie de leur entreprise avant de penser à celle de leur espèce. Ce faisant, ils nous ont laissé un lourd héritage : celui d'une équation insoluble qui veut croire qu'on peut sauver la planète tout en gardant le même système économique. Celui qui va connaître un succès planétaire sous le nom de « développement durable ». Et qui va donner naissance à sa sœur jumelle, l'« économie bleue ».

Le premier commandement concocté par les cinquante CEO s'inscrit dans la droite ligne de ce qu'il s'est passé en

1970 : accepter les critiques et même en reprendre certaines à leur compte. Il ne s'agit surtout pas de nier le réchauffement climatique ni de décliner toute responsabilité. Au contraire, le texte énumère, dès les premiers chapitres, les catastrophes qui jalonnent la fin du siècle : « Les écosystèmes sont dégradés, la diversité biologique et les ressources génétiques qu'ils contiennent sont perdus à jamais[16]. » Les responsables de firmes vont même plus loin, ils reconnaissent en creux qu'ils en sont en partie responsables : « La surexploitation et la mauvaise exploitation des ressources sont accompagnées d'une pollution de l'atmosphère, de l'eau et des sols – souvent par des substances qui durent sur le long terme. » Plus étonnant encore, ils n'hésitent pas à montrer du doigt les dérives d'un modèle économique fondé sur la croissance, notamment en Occident. À ce stade, les firmes collent aux analyses écologistes. Sur ce sujet, au moins, elles se savent inattaquables : elles adoptent le même point de vue que celui de leurs adversaires.

C'est plutôt concernant les solutions que leur discours diverge. Alors que les écologistes réclamaient déjà un ralentissement de la consommation et de la production, les firmes, elles, militent pour maintenir un niveau de vie équivalent. Mais elles le font en douceur, au nom de l'équité entre tous les habitants de la planète. C'est à cette occasion qu'elles brandissent leur deuxième commandement, une véritable bombe sémantique qui fera des ravages : le « en même temps ». Après avoir reconnu la surexploitation des ressources, les firmes préconisent que l'on continue à les extraire. Certes, elles sont limitées, mais « en même temps », chaque habitant doit avoir accès à tout le confort possible. Les auteurs (parmi lesquels, rappelons-le, on trouve les dirigeants de Chevron ou Shell) insistent sur le rôle de l'énergie, notamment du pétrole, du gaz et du charbon, dans le développement de nos modèles économiques. Ils prédisent que l'augmentation de la population ne fera qu'accroître leur consommation et qu'il faudra donc en user « de manière plus efficace[17] ». En aucun cas ils ne remettent en question leur extraction ni leur utilisation.

La suite du texte découle directement de ce conflit de départ... Alors que les industriels ont reconnu que l'économie de marché est à l'origine de la destruction des ressources, ils estiment quand même que c'est elle qui résoudra les problèmes qu'elle a créés. C'est le troisième commandement : faire confiance au marché qui représente la seule et unique solution. Pour cela, il faut respecter un ensemble de règles. La première : il faut le laisser s'autoréguler, il s'orientera de lui-même vers le développement durable. L'État ne doit surtout pas imposer de contraintes aux entreprises. Un règlement trop strict est contre-productif et, en plus, il faudrait payer des fonctionnaires pour l'appliquer, affirment-ils : « L'autorégulation a permis et continuera à permettre d'importantes améliorations de l'impact environnemental des entreprises et de l'industrie[18]. »

La deuxième : seuls les entrepreneurs sont aptes à relever des défis et à innover. Il est important de laisser les dirigeants d'entreprise montrer ce dont ils sont capables, sans entraver leur action : « Il est temps que les entreprises prennent l'initiative, car la maîtrise du changement par les entreprises est moins douloureuse, plus efficace et moins coûteuse pour les consommateurs, les gouvernements et les entreprises elles-mêmes. » La troisième : il faut donner une valeur à la nature. Si on n'explique pas aux entrepreneurs qu'un arbre vaut X dollars, jamais ils ne verront l'intérêt de le protéger. La protection de l'environnement doit donc épouser une logique de marché : « Si les prix des matières premières et des produits ne reflètent pas correctement les coûts sociaux, et si des prix ne peuvent pas être donnés aux ressources en air, en eau et en terre, [...] les ressources auront tendance à être utilisées de manière inefficace et la pollution aura tendance à augmenter[19]. » Enfin, il ne faut pas tenir un discours anxiogène et culpabilisant. Le climat doit être présenté comme une cause commune autour de laquelle toutes les parties prenantes (*stakeholders*) doivent se rassembler dans un mouvement d'espoir : « De manière générale, ces "parties prenantes" comprennent non seulement les clients, les employés et les actionnaires, mais aussi les fournisseurs, le gouvernement, les voisins, les groupes de citoyens et le public[20]. » Si tout le monde s'y met, disent les firmes, cette union mondiale permettra aux hommes de préserver leur bien commun le plus cher, la Terre. Les dirigeants finissent leur ouvrage sur la même tonalité que celle adoptée au début : le consensus.

On le voit à la lecture de *Changing Course* : la fable climatique racontée par les multinationales repose sur une contradiction existentielle symbolisée par l'expression « en même temps ». Reconnaître les dégâts liés à une production excessive et, *en même temps*, consommer. Constater la pollution liée à l'extraction et l'utilisation de matières premières et, *en même temps*, continuer à les exploiter. Avoir conscience de la limite de notre modèle économique et, *en même temps*, tout faire pour le préserver. Le politologue Nils Moussu appelle « construction concessive » cette mise en tension qui suppose que deux choses incompatibles soient réalisables *en même temps*. Il cite à ce propos la linguiste française Alice Krieg-Planque : « La concession a pour caractéristique argumentative de présenter comme dépassables les éléments qu'elle met elle-même en tension. [...] Elle présente des éléments comme pouvant sembler contradictoires mais ne l'étant pas[21]. » La formule « développement durable » est directement issue de ce mécanisme de pensée. Il promet une chose et son contraire *en même temps*. Tout comme l'« économie bleue » qui suggère que l'on peut exploiter les océans tout en les préservant. Toutes deux propulsent ceux qui veulent y croire dans une totale schizophrénie. Cette tension constitutive n'est pas exprimée, ni assumée. Elle est énoncée comme allant de soi. Sans mode d'emploi. Les auteurs de *Changing Course* le reconnaissent volontiers : « Prouver qu'une telle croissance est possible est certainement le plus grand défi pour les entreprises et l'industrie, qui doivent concevoir des stratégies pour maximiser la valeur ajoutée tout en minimisant l'utilisation des ressources et de l'énergie[22]. » Telle est l'insoluble tâche que ces auteurs ont léguée à leurs successeurs.

9

Une belle fable climatique

Depuis les années 1990, nous sommes baignés dans le récit du « développement durable ». Mais plus le temps passe, plus il devient difficile d'y croire. Les preuves du réchauffement climatique s'accumulent, l'horizon d'action se restreint et il devient évident qu'il faut agir vite. L'urgence climatique met cruellement en lumière l'injonction contradictoire sur laquelle la fable repose. Produire, consommer, croître et en *même temps* protéger l'environnement. Sous nos yeux, deux temporalités s'affrontent : celle des marchés et celle de la planète. L'une est vitale pour les multinationales. L'autre est vitale pour notre espèce. Pourtant, malgré les preuves scientifiques évidentes et notre effroi, le monde épouse le rythme lent des multinationales.

Le mythe de la « firme en transition »

Comment est-ce possible ? Le *storytelling* patiemment construit par leurs lobbies semble avoir fait son œuvre. Nils Moussu a analysé un corpus de textes sur le climat produit par le WBCSD de 1992 à 2017. Son travail dévoile de manière minutieuse et implacable le principal but des dirigeants : gagner du temps. Comment donner l'illusion du changement quand on reste accroché au passé ? En racontant une belle histoire, celle de la « firme en transition », comme l'a appelée Nils Moussu. Elle contient des mots, des formules, des éléments de langage qui font croire à l'action. Et elle mélange les temps de sorte que passé, présent et futur ne veulent plus rien dire. On le voit dans le discours du WBCSD mais aussi dans la communication de ses membres. Comme celle de Shell par exemple, cas particulièrement intéressant, car la major pétrolière doit justifier l'injustifiable : sa dépendance à l'extraction d'énergies fossiles.

Au début de l'histoire racontée par les multinationales, analyse le chercheur, celles-ci reconnaissent qu'elles doivent changer, opérer un *shift* pour offrir au monde un nouveau modèle. Mais le moment où il a lieu n'est pas très clair. A-t-il été fait ? Est-il en train de se faire ? Ou doit-il être fait ? Nils Moussu remarque qu'il se dégage une impression de « flottement » qui rend la temporalité peu visible : « Il est passionnant de constater à quel point les textes oscillent et se débattent, pour démontrer que l'histoire est en cours (et donc que la situation a évolué depuis les temps anciens) sans pour autant s'enhardir jusqu'à affirmer que la nouvelle économie est advenue[1]. »

C'est ce que l'on constate lorsqu'on lit le rapport sur la transition énergétique que Shell a publié en avril 2021 : « Nous allons réduire les émissions provenant de nos propres activités, y compris la production de pétrole et de gaz, en augmentant l'efficacité énergétique et en capturant ou compensant les émissions restantes[2]. » L'utilisation du futur est un peu troublante lorsqu'on sait que cette phrase a été écrite en 2021, c'est-à-dire trente ans après la publication de *Changing Course* (dont l'ancien dirigeant de Shell était signataire) et six ans après la promulgation de l'accord de Paris. Pourquoi la compagnie utilise-t-elle encore le futur, comme si elle n'avait pas encore amorcé de changement ? En toute logique, le futur devrait laisser place au passé. Ou du moins au présent.

Puis, continue le chercheur, le récit des firmes liste tout un ensemble de complications qui peuvent entraver ce *shift.* Des freins sociaux, par exemple, comme la nécessité pour tous les habitants de la planète d'avoir accès à l'énergie. Ou bien encore des freins économiques, comme les crises financières. Là, elles brandissent les difficultés liées à la période contemporaine pour expliquer leur lenteur. Cela crée une sorte d'« amnésie assez générale des textes étudiés les uns par rapport aux autres », souligne Nils Moussu, comme si les obstacles rencontrés ne cessaient de remettre les compteurs à zéro. « Au travers des formulations qui insistent sur la spécificité de l'instant présent, insiste-t-il, les textes créent une sorte de présent perpétuel[3]. » C'est encore le cas de Shell quand elle précise dans le texte précité : « Si nous prenions trop d'avance sur la société, il est probable que nous fabriquerions des produits que nos clients ne pourraient ou ne voudraient pas acheter. [...] Shell ne peut pas atteindre le niveau net zéro sans que la société soit également nette zéro[4]. » Là, l'entreprise mélange les temporalités jusqu'à nous perdre. Alors que page 7, elle utilise le futur pour présenter ses efforts en faveur du climat, page 10 elle redoute de devoir affronter les lenteurs sociétales contemporaines. Comme si elle expliquait être entravée dans une action qu'elle n'a pas encore commencée (ou qu'elle est en train d'amorcer, on ne sait plus très bien).

La narration de la « firme en transition » propose alors de mettre en place des mesures pour aider les entreprises à opérer ce fameux *shift.* Le package est le même que celui proposé par *Changing Course* : l'engagement des États à construire un cadre adéquat ; le calcul « coût-bénéfice » pour chiffrer les pertes liées à la pollution ; la tarification de la nature ; le prix du carbone pour pouvoir créer un marché. Bref, tout un ensemble de règles, non contraignantes, qui vont permettre aux firmes de passer à l'action. Là encore, Shell utilise des éléments de ce récit en vantant les avantages du marché carbone pour compenser ses émissions : « Ces projets [de captation carbone] peuvent déboucher sur la commercialisation, l'échange et la vente de crédits carbone. Chaque crédit carbone représente l'évitement ou la suppression d'une tonne de CO_2[5]. »

L'histoire devrait, logiquement, nous mener vers une heureuse conclusion. Pourtant, remarque Nils Moussu, « les moments de dénouement/résolution et de situation finale sont nettement moins investis dans notre corpus que les complications[6] ». Après avoir instauré une pression, la narration fait « pschitt ». Elle se contente de présenter les défis climatiques comme une grande cause commune, à laquelle tout le monde doit prendre part : « Très souvent, parfois jusqu'à l'écœurement, cette utilisation du “tous contre le climat” est associée à une attitude positive : le chemin à parcourir ensemble est une source d'harmonie, permet le dépassement de vieux clivages, rend heureux. [...] C'est une vision totalement dépolitisée des rapports sociaux[7]. » Et qui permet de diluer la responsabilité des gros producteurs dans la responsabilité individuelle des consommateurs. On la retrouve dans le rapport de Shell qui spécifie : « Il est essentiel de souligner que le *shift* exigera également des changements importants dans la manière dont nos clients utilisent l'énergie, qu'il s'agisse d'automobilistes, de ménages ou d'entreprises[8]. »

Après l'illusion du changement, c'est le principal bienfait de ce récit : il propose une lecture totalement apolitique des problèmes climatiques. Il met de côté les questions qui fâchent en insistant sur le côté positif : les opportunités économiques qu'ils offrent. « C'est un projet consensuel qui a pour but de maintenir la légitimité sociale des grandes entreprises et le capitalisme dans son ensemble », m'explique Nils Moussu[9]. 52 % des émissions de gaz à effet de serre sont produites par les 10 % les plus riches ? La question de la justice sociale est évacuée. Les pays du Nord exportent leur pollution vers les pays du Sud ? La question de l'inégalité géographique n'est pas abordée. Est-ce que notre modèle de production et de consommation est viable à long terme ? La question économique n'est pas envisagée. Les multinationales n'ont-elles pas plus de poids que les consommateurs dans le changement à opérer ? La question de la responsabilité n'est pas évoquée.

À la suite, les solutions proposées sont présentées comme étant pragmatiques et non politiques. Elles sont qualifiées de « neutres », fondées sur les faits et la technologie. La principale d'entre elles, autour de laquelle tout le monde se retrouve et qui est le pivot de la narration, étant la « neutralité carbone ». Son émergence doit beaucoup à une filiale du WBCSD, l'International Emission Trading Solutions (IETA), dont le but est précisément de promouvoir l'idée d'un marché carbone. Le principe : limiter les émissions carbone au niveau global. Les moyens prônés : l'attribution de « quotas » et l'échange de « crédits carbone » entre les industries qui consomment trop de carbone et celles qui n'en consomment pas assez. Ce mécanisme a toutes les qualités recherchées par le monde des affaires : il est fondé sur l'offre et la demande, il est non contraignant et préserve la liberté des entreprises.

L'idée était dans l'air depuis les années 1970, mais c'est à Kyoto, en 1997, que les prémices voient le jour avec l'annonce de l'objectif de la réduction de 5 % des émissions de gaz à effet de serre par rapport à 1990, entre 2008 et 2012 pour trente-huit pays industrialisés (pour appliquer la convention-cadre des Nations unies signée en 1992 qui stipule la « stabilisation des concentrations de gaz à effet de serre dans l'atmosphère »)[10]. Les firmes pétrolières BP et Shell, toutes deux grandes émettrices de CO_2, ont trouvé cette solution particulièrement intéressante et ont souhaité que le WBCSD crée une entité qui lui soit entièrement dédiée. L'IETA a vu le jour en 1999 à Londres, dans les locaux de l'International Petroleum Exchange, où étaient réunis pour l'occasion BP, Rio Tinto, Mitsubishi et KPMG[11].

À l'assaut des sommets climatiques

C'est avec ces munitions narratives que les lobbies hantent les sommets climatiques. Bien que le WBCSD ne se reconnaisse pas comme un lobby, précise Nils Moussu : « C'est une bataille sémantique. L'association considère être un rassemblement de "parties prenantes" (*stakeholders*) qui sont partenaires de la gouvernance climatique. Dans les conférences des parties sur le climat (les COP), elle n'a pas de statut spécial, elle n'est pas considérée comme un lobby. Elle est présente au même titre que les ONG[12]. » D'après le chercheur, le WBCSD est même considéré comme une organisation en faveur du climat, à la différence des lobbies du pétrole : « Elle est vue comme représentant la voix progressiste du *business*. Elle est sur un fil : ni activiste ni réfractaire. Le cœur de sa doctrine est le refus d'un État contraignant et la nécessité d'avancer grâce aux mécanismes de marché. » Discrètement, dans les couloirs des négociations ou les salons feutrés à proximité des rencontres officielles, la WBCSD et l'IETA propagent leur récit. Et dictent la temporalité du monde des affaires à l'ensemble de la planète.

À partir de 1992 pour le WBCSD et de 1999 pour l'IETA, elles ont consciencieusement tissé leurs liens avec les institutions internationales, plus particulièrement lors des sommets climatiques. Quelquefois, ce sont les États eux-mêmes qui sollicitent leur éclairage comme lors de la COP16, par exemple, qui s'est tenue à Mexico en 2010. Le WBCSD et la Chambre de commerce internationale ont été invités par le gouvernement mexicain lui-même à participer à un échange informel sur les solutions à apporter au réchauffement climatique. Baptisé « dialogue mexicain », le premier round de ces discussions entre acteurs publics et privés a eu lieu mi-juillet 2010 à Mexico sur le thème de la croissance verte. Puis d'autres réunions se sont déroulées en Suisse et à New Delhi sur le financement[13]. Là, il s'agit carrément de négociations parallèles, initiées par un État, qui permettent aux lobbies des grandes entreprises de faire passer leur histoire et leur vision.

Mais le dialogue entre les négociateurs publics et les lobbies se fait le plus souvent à l'initiative des dirigeants de multinationales. À Mexico toujours, lors de la COP16, le WBCSD a organisé le 6 décembre 2010 le *Global Business Day*, dont le but était clairement d'être un lieu de rencontres entre acteurs publics et privés[14]. Et plus précisément, entre négociateurs officiels de la *Cancun Convention on Climate Change*[15] et hauts représentants de multinationales. D'ailleurs, la journée avait été opportunément appelée *Building Bridges* (construire des ponts). Il y avait de nombreuses personnalités ce jour-là parmi les cent quatre-vingts participants réunis au Westin Hotel : côté ONU, la Costaricaine Christiana Figueres, secrétaire exécutive de la convention-cadre des Nations unies sur le changement climatique (UNFCCC), ainsi que le Hollandais Yvo de Boer, son ancien secrétaire exécutif de 2006 à 2010 et, à cette date, « conseiller spécial » du cabinet de conseil KPMG (on remarquera le passage de l'un à l'autre) ; côté multinationales, Bjorn Stigson, président du WBCSD, accompagné de représentants de l'IETA ainsi que des P-DG de EDF, Dow Chemical, Arcelor Mittal, Shell ou Hewlett-Packard.

L'objectif de cette rencontre, faire du lobbying – ou du « relationnel » selon le point de vue – était admis par tous. Bjorn Stigson l'a totalement assumé et a expliqué à l'assistance la difficulté qu'avaient les multinationales à prendre part aux débats puisque les négociations avaient lieu entre les gouvernements, la porte fermée. Il s'est même tourné vers Yvo de Boer pour lui demander quelle stratégie le WBCSD pouvait adopter pour faire passer ses messages au monde politique. Auparavant, Christiana Figueres avait fait un point sur les négociations officielles en détaillant quels en étaient les blocages. Et les thèmes de la technologie, des émissions carbone ou du rôle des grandes compagnies ont fait l'objet de débats, permettant de distiller informations et éléments de langage aux décideurs publics présents. La majorité des interlocuteurs, comme Jean-Yves Caneill, à EDF, ou Graeme Sweeney, haut cadre chez Shell, ont évoqué la bonne volonté des entreprises, la nécessité d'être soutenues par les États et l'importance des marchés carbone[16]. Quant aux dossiers de la justice climatique, des inégalités territoriales ou du changement de modèle économique, ils n'ont bien évidemment pas été abordés.

Mais c'est lors de la COP21, qui a eu lieu en 2015 à Paris, que l'influence des lobbies a été la plus orchestrée et la plus décisive. L'ONG Corporate Europe Observatory a dressé une chronologie de l'implication des lobbies dans les négociations ayant eu lieu en amont et pendant la COP21. Quelques mois avant les négociations, le monde des affaires a préparé le terrain avec le *Business and Climate Summit* qui s'est tenu à Paris en mai 2015, organisé par Global Compact France[17] et les Entreprises pour l'environnement avec le soutien du WBCSD et le Pacte mondial des Nations unies. Pendant deux jours, il a réuni un ensemble de groupes de pression, dont le WBCSD, la Chambre internationale de commerce et d'industrie ou le MEDEF, avec des personnalités politiques telles que François Hollande (alors président de la République), Laurent Fabius (ministre des Affaires étrangères) ou Ségolène Royal (ministre de l'Environnement) et les P-DG des plus grandes multinationales[18]. Les dirigeants d'entreprise ont tellement bien joué leur rôle qu'ils se sont eux-mêmes définis comme étant des « activistes » : « Le *statu quo* n'est pas une option. Nous ne sommes ni optimistes ni pessimistes, nous sommes des activistes du commerce et de l'industrie », a déclamé, lyrique, Pascal Tricoire, P-DG de Schneider Electric et de Global Compact France[19]. Nils Moussu souligne dans sa thèse que les dirigeants n'étaient pas tous d'accord sur les mesures à prendre. D'après lui, il y avait une nette opposition entre les représentants de multinationales pétrolières et celles qui étaient prêtes à aller plus vite, comme L'Oréal. Mais le consensus étant plus important que les oppositions, le sommet a permis de dégager trois revendications principales du monde des affaires : l'introduction de mécanismes de prix carbone ; la construction d'une alliance entre les entreprises et les gouvernements ; et la mobilisation de fonds publics pour orienter le privé vers des actifs bas carbone.

Les lobbies ont ensuite infusé leurs idées lors des négociations officielles de la COP21. Si les organisations professionnelles ne peuvent pas prendre directement part aux négociations, elles ont de nombreux espaces d'expression à proximité où exprimer leurs opinions, de préférence face à des personnalités influentes invitées pour l'occasion. Elles organisent des *sides events*, des *hubs* ou des conférences de presse pour partager leurs convictions et propager leur récit. Entre le 30 novembre et le 11 décembre, le WBCSD et l'IETA, appuyés par des partenaires tels que Chevron, l'Agence internationale de l'énergie, la Banque européenne d'investissement ou encore le cabinet de conseil PricewaterhouseCoopers, ont organisé exactement cent événements autour de l'action climatique. La plupart étant centrés sur la revendication principale des associations : la mise en place d'un marché carbone efficient. Les débats ont rassemblé des invités prestigieux, mêlant acteurs publics et acteurs privés, et même des représentants d'ONG environnementales : Jim Yong Kim, président de la Banque mondiale ; Laurent Fabius, ministre des Affaires étrangères français ; Christiana Figueres, que nous avons déjà croisée ; Stephen Dunbar Johnson, président du *New York Times International* ; Nat Keohane, de l'ONG Environmental Defense Fund (EDF), ou bien des hauts cadres d'EDF, de Monsanto et de Pepsi.

Bien sûr, ces événements ont pris place parmi d'autres manifestations du monde des affaires, utilisant le même procédé. Celle intitulée « Business et climat, une révolution positive pour les entreprises », coorganisée par le Forum de l'économie positive et le cabinet de conseil KPMG, par exemple, accueillie au siège de l'Unesco le 1er décembre. Elle réunissait Jacques Attali, président d'Économie positive, Antoine Frérot, P-DG de Veolia, ou Frédéric Mazzella, fondateur et P-DG de Blablacar[20].

Le succès du récit des pollueurs « écolos »

Pour quel résultat ? Il est difficile de mesurer quantitativement l'efficacité de leur tactique, mais si on regarde les termes de l'accord de Paris[21], on retrouve les principales revendications des lobbies industriels. Dans l'article 2, le texte acte la nécessité de parvenir à un « développement durable » à faible émission de gaz à effet de serre ; l'article 4 entérine l'objectif de neutralité carbone, préconisant « un équilibre entre les émissions anthropiques par les sources et les absorptions anthropiques par les puits de gaz à effet de serre au cours de la seconde moitié du siècle » ; l'article 6 pose les bases de la mise en place d'un marché carbone. Enfin, l'article 10 reconnaît l'importance de la technologie et des innovations en matière climatique, et il entérine la nécessité « d'encourager et de permettre l'innovation », notamment « sous la forme de moyens financiers ». Par ailleurs, l'ensemble de ces mesures n'ont pas de caractère contraignant et il n'est fait mention nulle part d'une quelconque responsabilité du Nord vis-à-vis du Sud (même si des aides aux pays en développement sont mentionnées).

L'accord de Paris a constitué une première étape, mais les lobbies ont continué leur travail. Un autre texte va dans le sens défendu par l'IETA, la filiale pro-carbone du WBCSD : le *Green Deal*, ce « pacte vert pour l'Europe » présenté en décembre 2019[22]. Annoncé comme une révolution, il proclame la neutralité carbone pour l'Europe à horizon 2050. Concrètement, il ne s'agit pas d'opérer de véritables changements dans le modèle dominant de production et de consommation. Il s'agit plutôt de continuer la croissance tout en réduisant les émissions de CO_2 grâce à des technologies comme l'hydrogène, le gaz naturel et les puits carbone. Le fait que la production et la consommation d'énergie représentent 75 % des émissions de gaz à effet de serre en Europe n'est pas étranger à l'adoption de ces solutions. Si on regarde l'agenda officiel de l'Estonienne Kadri Simson, la commissaire européenne à l'Énergie, de décembre 2019 à juillet 2020, on constate qu'elle-même et les membres de son cabinet ont reçu quelque soixante-dix industriels venus plaider leur cause. Parmi eux, des représentants de Eni, Shell, Total, Enel ou Iberdrola, tous membres de l'IETA.

Pascoe Sabido, chercheur en charge des campagnes à l'ONG Corporate Europe Observatory, m'a expliqué que le *Green Deal* s'inscrit parfaitement dans la narration des multinationales de l'énergie : « Les majors pétrolières ont fait passer l'idée que le charbon est une énergie fossile sale et qu'il faut adopter le gaz naturel. Leur argumentaire étant que l'énergie solaire ne peut pas suffire et que nous avons besoin de gaz pour nous alimenter en énergie. Elles ne précisent pas, bien sûr, que le gaz naturel n'a rien d'écologique puisque ses processus d'exploitation, de production et de transport sont très polluants. Aujourd'hui, elles mettent en avant l'hydrogène, qui rejette peu de CO_2 lorsqu'il est utilisé. Elles ne disent pas non plus, que, pour l'instant, la majorité de l'hydrogène est produit à partir d'énergies fossiles. En attendant, elles clament haut et fort leur volonté d'atteindre le *net zero* et elles demandent à la Commission européenne des subventions pour soutenir leurs efforts de transition[23]. » Du côté de la Commission européenne, ces visites des représentants des majors de l'énergie ne semblent pas poser problème. Dans l'entourage de la commissaire, on trouve même cela naturel : « Il faut bien rencontrer les industriels pour comprendre leur analyse et leurs propositions[24]. »

La stratégie a été payante pour ce secteur et pour les autres : au final, le *Green Deal* permet aux industriels du pétrole, du gaz, ou de la pétrochimie de préserver leur modèle grâce à la compensation par des crédits carbone. Une piste qui est en totale adéquation avec la marchandisation de la nature proposée par *Changing Course* et dans toute la narration des firmes. Les océans, qui sont un véritable puits de carbone, représentent d'ailleurs, nous le verrons, une solution idéale.

Voilà comment les lobbies propagent les narrations des firmes. Voilà comment elles viennent jusqu'aux simples citoyens, qui les adoptent et les relaient sans même y prêter attention. Il leur vient rarement à l'idée de les questionner, d'interroger leur bien-fondé ou, encore mieux, leurs résultats. Pourtant, si on s'y penchait, on prendrait conscience de l'illusion dans laquelle cette fable nous berce. Car, comme l'assène Nils Moussu : « Si la recette avait marché, nous n'en aurions plus besoin. La meilleure preuve de son inefficacité est que leur narration fonctionne aujourd'hui plus que jamais[25]. » Vingt-neuf ans après l'écriture de *Changing Course*, rien, absolument rien, n'a changé. La grande réussite de ce texte est son intemporalité. Et la preuve de son échec est… son intemporalité. Signe que les firmes, et le monde avec elles, ont fait du surplace.

Quant à leurs initiateurs, le duo de choc formé par Maurice Strong et Stephan Schmidheiny, qu'est-il devenu ? Son destin est comme un pied de nez à la fable qu'ils ont contribué à créer. Il montre comment les actions concrètes peuvent être totalement déconnectées du discours. Et que la meilleure façon de contrer une belle fable climatique est d'examiner les faits. Stephan Schmidheiny a continué à œuvrer dans le *business* vert jusqu'en 2013, année où le vent a tourné pour lui. À cette date, il a été condamné à dix-huit ans de prison par une cour d'appel italienne[26]. Il était accusé d'avoir causé la mort de 3 000 personnes, ouvriers et riverains, exposés à des poussières d'amiante liées aux activités d'Eternit. Le jugement a été annulé par la Cour de cassation en novembre 2014, car elle a jugé les faits prescrits. Mais en 2019, le tribunal de Turin l'a une nouvelle fois condamné à quatre ans de prison pour homicide involontaire de deux employés d'usine ainsi qu'au versement d'une provision de 15 000 euros pour contamination à l'amiante[27]. En 2012, ses avocats ont défendu Stephan Schmidheiny en affirmant qu'il n'avait pas de responsabilité directe dans la gestion de l'entreprise[28]. Depuis, relate *Le Point*, l'homme d'affaires s'est converti au « philanthropisme » et est allé vivre au Costa Rica où il a sans doute goûté une retraite heureuse, à l'abri des tracas judiciaires[29]. Quant à Maurice Strong, après avoir contribué à créer le GIEC et malgré la reconnaissance mondiale dont il a bénéficié pour avoir tenté de sauver la planète, il a dû démissionner de ses fonctions à l'ONU en décembre 2005. Il était soupçonné de corruption dans le cadre de l'opération « pétrole contre nourriture » en Irak. Lorsqu'il est décédé en 2015, toute la lumière n'avait pas encore été faite sur cette affaire[30].

Voilà ce que racontent les faits cachés derrière les hommes qui ont contribué à écrire la fable climatique. On pourrait aussi parler de Volkswagen, accusée en 2015 d'avoir massivement trompé les contrôleurs américains sur le niveau de pollution de ses moteurs ; ou bien de la firme Chevron, condamnée en 2011 par la justice équatorienne à verser 9,5 milliards de dollars en compensation de la pollution provoquée par ses activités en Amazonie (le jugement a depuis été annulé par la Cour permanente d'arbitrage de La Haye)[31]. Enfin, on pourrait évoquer le cas de la Dow Chemical et Monsanto, condamnées en 2013 par la justice sud-coréenne parce qu'elles étaient jugées responsables de maladies de peau de vétérans de la guerre du Vietnam exposés au fameux « agent orange », un herbicide de leur fabrication[32].

À quoi bon ? Comme pour le climat, à la fin, ce qui reste, c'est l'histoire qu'on nous raconte. Celle qui présente Maurice Strong comme un écologiste qui a voulu sauver le climat et Stephan Schmidheiny, son bras droit, comme un véritable philanthrope. Celle qui veut que le WBCSD soit un ensemble de *stakeholders* progressistes qui défendent le climat. Celle qui présente la « neutralité carbone » et les crédits carbone comme de bonnes solutions. Et les fondations, créées par les dirigeants des multinationales, comme étant neutres et tournées vers l'intérêt général.

10
La « révolution » des philanthropes

L'accord de Paris a marqué le climax de cette fable climatique. Le 12 décembre 2015, le journal de France 3 a annoncé une avancée historique. À l'écran, des centaines d'hommes et de femmes ont bondi de leurs sièges rouges pour applaudir. Au premier rang, le visage de Ségolène Royal rayonnait. « Comme un seul homme, 195 nations se sont levées pour célébrer cette victoire. Dans la salle du Bourget, l'accord de Paris pour le climat est adopté », commentait une journaliste, la voix solennelle. François Hollande prenait la parole après un Laurent Fabius galvanisé : « À Paris, il y a eu bien des révolutions depuis des siècles. Mais aujourd'hui, c'est la plus belle et la plus pacifique des révolutions qui vient d'être accomplie. La révolution pour le changement climatique. »

Aux origines de la philanthropie étatsunienne

Le président, qui était présent au *Business Climate Summit* aux côtés de Ségolène Royal et Laurent Fabius, s'est bien gardé de préciser le rôle qu'avaient joué les multinationales dans cette révolution. Tout comme il n'a pas évoqué celui joué par la deuxième arme de persuasion massive du monde des affaires : les fondations philanthropiques. Plus discrètes, moins visibles mais tout aussi efficaces, elles ont également œuvré dans les coulisses de l'accord de Paris. Edouard Morena, maître de conférences à l'University of London Institute in Paris, a étudié leur influence dans les débats climatiques[1]. Il explique comment, dans la nuit du 12 décembre, réunis dans un bar du centre de Paris, les représentants des fondations ont fêté leur victoire et non pas celle de la planète : « En reprenant en chœur *We are the Champions !* de Queen, c'est eux-mêmes qu'ils avaient à l'esprit. C'était leur moment. C'était leur accord. » Mais avant d'en venir à la manière dont ces négociateurs de l'ombre ont œuvré dans les couloirs de la COP21, aux côtés des associations de multinationales, expliquons d'où ils viennent et qui ils sont.

Pour comprendre ce que sont les fondations philanthropiques, ces structures privées qui œuvrent pour le bien public, il faut revenir sur le contexte de leur naissance : les États-Unis du début du XXe siècle. Ludovic Tournès, l'un des rares historiens français à avoir travaillé sur le sujet, a détaillé les origines de l'une des premières fondations créées par le magnat du pétrole John Davidson Rockefeller (1839-1937)[2]. Il montre comment le premier milliardaire de l'époque contemporaine a semé les bases d'un courant qui a profondément marqué l'histoire américaine et, indirectement, celle de l'Europe.

Le nom de John Davidson Rockefeller a traversé l'histoire. C'est lui qui a lancé la saga du pétrole en bâtissant son immense fortune sur l'or noir. Dans l'Amérique profonde du début du siècle, il a su utiliser son intelligence et son intuition pour bâtir l'empire de la Standard Oil (qui sera dissoute et fractionnée en diverses sociétés, dont celles qui donneront naissance à Chevron, Exxon et Mobil). Les photos de l'époque, qui montrent un visage ridé et des traits tendus, laissent supposer un caractère rigoureux et ultra-rigide. Il était sans pitié avec ses concurrents, allant jusqu'à les asphyxier pour les racheter et agrandir son monopole. Pourtant, le milliardaire avait des convictions religieuses héritées de sa mère, profondément croyante, et il a longtemps soutenu une association caritative de l'Église baptiste. C'est là qu'il a fait une rencontre déterminante, celle du pasteur Frederick Gates. Cet homme va le convaincre de s'intéresser de plus près aux politiques publiques et c'est sur ses conseils qu'il va créer sa propre fondation en 1913. D'emblée, elle affiche une ambition hégémonique : son objectif est de « faire le bien-être de l'humanité à travers le monde[3] ».

C'est ainsi que la fondation va se donner pour mission de réformer le système de santé, d'abord sur son propre sol puis à l'étranger. Partant du constat que les médecins américains sont formés en surnombre et que leur enseignement est médiocre, la fondation préconise de diminuer le nombre d'écoles et d'en augmenter le niveau. Puis, forte de cette première expérience à domicile et après la Première Guerre mondiale, elle étend son influence en Europe. La Fondation Rockefeller intervient sous forme d'actions humanitaires, puis mène un plan sanitaire en Europe de l'Est pour reconstruire les systèmes nationaux de santé publique : la Tchécoslovaquie, la Pologne, la Hongrie ou la Roumanie. Ses zones de prédilection ne sont jamais très loin de celles de la diplomatie américaine : « Les hommes de la Rockefeller ont conscience d'intervenir dans un contexte particulier, précise l'auteur, une politique sanitaire rationnelle constituant à leurs yeux un moyen d'améliorer la situation des populations tout en propulsant aux commandes de nouvelles élites médico-administratives destinées à remplacer les anciennes par trop liées au militarisme austro-prussien. » La fondation formalise alors son action sur le long terme *via* la création d'« un enseignement médical à l'"échelle mondiale" en créant un "système planétaire" d'universités installées à des endroits stratégiques[4] ».

Rockefeller pose ainsi les bases qui caractériseront les fondations « à l'américaine ». Premièrement, elles assument un certain paradoxe entre leur discours et les actions de leurs créateurs. Elles ont vocation à œuvrer pour l'intérêt général, tandis que les firmes à la tête desquelles ils sont auraient plutôt tendance à le malmener. Ludovic Tournès le résume ainsi : « Elles sont d'un côté les produits du capitalisme sauvage car fondées par les grands industriels qui en sont les acteurs, mais se veulent également des organismes de régulation des problèmes sociaux engendrés par l'industrialisation des années 1860-1890[5]. »

Deuxièmement, leurs dirigeants ayant fait fortune à la tête de grandes compagnies, ils estiment être plus aptes à régler les problèmes que les États : « La forme fondation est en effet la réponse donnée par les industriels américains à la contradiction entre la nécessité, devenue évidente à la fin du XIXe siècle, de réguler les inégalités sociales nées de l'industrialisation et leur réticence à faire endosser cette régulation par une puissance publique supposée liberticide. Ils créent donc des organismes privés dont l'objectif est de prendre en charge le bien public pour éviter que l'État fédéral le fasse[6]. »

Enfin, les fondations ont très vite tissé des liens privilégiés avec les institutions internationales pour faire avancer leurs causes. La Fondation Rockefeller s'est rapprochée de la Société des nations (SDN) dès 1922, par l'intermédiaire d'un homme qui avait un pied dans les deux univers : le juriste américain Raymond Fosdick (1883-1972). Nommé sous-secrétaire général de la SDN par le président Woodrow

Wilson, il a quitté la jeune institution en 1920 et est entré à la Fondation Rockefeller. Il va patiemment y gravir les échelons jusqu'à en devenir président. C'est sous son leadership que la structure devient un important financeur de la SDN, *via* notamment un prêt de 2 millions de dollars à l'organisation d'hygiène chargée de collecter des données sanitaires. Cet organe représentait les prémices d'une agence internationale de la santé qui pouvait faciliter le propre projet Rockefeller. Une sorte de relation *win win*, où le soutien de l'un bénéficie à l'autre. Comme le décrit Ludovic Tournès : « Le fil conducteur de l'aide Rockefeller à ces organismes est la volonté de favoriser une ouverture accrue du commerce international qui doit aller de pair avec un investissement accru des États-Unis dans l'économie mondiale[7]. »

On voit les nombreux points communs entre les associations professionnelles et les fondations philanthropiques : une narration qui peut sembler contradictoire avec les véritables actions de leurs créateurs sur le terrain ; une volonté d'éviter à tout prix la mainmise de l'État et donc une propension à soutenir les mécanismes de marché ; et, enfin, leur proximité originelle avec les institutions internationales, bien utiles pour propager leur discours et faciliter leurs agissements au niveau global.

Peut-on reprocher aux créatures d'avoir les mêmes propriétés que leurs créateurs ? Peut-on reprocher aux milliardaires de fabriquer des fondations à leur image ? Celles-ci propagent une vision du monde en adéquation avec le terreau dont elles sont issues. Les fondations sont des organismes libéraux qui promeuvent une vision de la société libérale : « Vu d'Europe, le mouvement philanthropique n'est pas aisé à appréhender, explique Ludovic Tournès. Notre regard est biaisé, nous en avons une vision capitaliste qui n'est pas fausse, mais qui en donne une lecture restreinte. Les philanthropes créent des structures privées d'intérêt public avec sincérité. Après, ce ne sont pas des enfants de chœur et ils ont des objectifs bien précis. Ce sont des libéraux qui se placent dans une logique d'efficience. Ils pensent que les fondations privées sont plus souples et ont moins de comptes à rendre que les structures publiques[8]. »

La formation d'une élite climatique

Cette empreinte originelle, qui lie les fondations au monde des affaires, les caractérise jusqu'à aujourd'hui. Aux côtés des associations de firmes transnationales, elles ont plané sur tout le processus de négociation climatique jusqu'à la COP21 (et même au-delà, nous le verrons). Dans son ouvrage, Edouard Morena revient sur la manière dont, dès le départ, la mouvance philanthropique a contribué à sculpter le débat climatique.

Logiquement, les fondations font irruption dès que la question de l'environnement devient incontournable, dans les années 1970. Elles ne sont pas encore très nombreuses à s'y intéresser alors, mais elles vont jouer un rôle déterminant. À cette époque, nous l'avons vu, Nixon met en place des régulations gouvernementales contraignantes sous la pression de groupes écologistes. La plupart des fondations s'écartent de ces nouveaux venus, les considérant comme non fréquentables. Mais quelques-unes d'entre elles, dont Ford, Rockefeller et Andrew Mellon (l'une des plus grandes fortunes des années 1920, banquier et industriel de l'aluminium), se démarquent et décident d'adopter leur propre stratégie : infiltrer le mouvement pour mieux le contrôler. C'est-à-dire financer les organisations les plus modérées pour fragiliser la frange la plus radicale. Elles orientent leur soutien vers les grandes organisations qui défendent des idées libérales et qui proposent des solutions *business*-compatibles, comme The National Wildlife Federation, The Nature Conservancy ou encore Environmental Defense Fund. « En concentrant leurs financements sur un petit nombre d'acteurs, analyse Edouard Morena, les grandes fondations libérales concoururent à associer le mouvement écologiste américain à une poignée de grosses organisations nationales politiquement modérées, participant par la même occasion à l'isolement des organisations les plus revendicatives[9]. » Finalement, estime-t-il, « pour elles, il s'agit autant de sauvegarder l'environnement que de sauver le capitalisme[10] ».

Cette méthode entre en résonance avec celles utilisées au sein des entreprises à cette époque. Chez Nestlé, par exemple, qui subit à partir de 1974 les conséquences du boycottage de ses produits suite à une campagne lancée par des activistes britanniques[11]. Ceux-ci accusent la multinationale de vendre du lait en poudre en Afrique alors que les mamans ne peuvent ni lire les instructions ni avoir accès à l'eau potable, ce qui transforme le produit en véritable poison. Le mouvement s'internationalise et, au bout de quelques mois, les cadres et les employés sont au bord du *burn-out*. L'entreprise, qui a du mal à fonctionner normalement, décide alors de s'octroyer les services d'un expert en gestion de crise, un ancien officier du renseignement militaire, Rafael Pagan. Celui-ci préconise une tactique similaire à celle utilisée par les fondations, qu'il généralisera ensuite, neutraliser ses adversaires, comme le décrypte Grégoire Chamayou : « Le postulat est que les radicaux ne tirent leur force que du rapprochement avec des blocs plus modérés. Privés de ce lien, ils sont négligeables. Des radicaux isolés dans leur niche de radicalité sont inoffensifs. [...] Telle est donc la stratégie générale : coopérer avec les réalistes, dialoguer avec les idéalistes pour les convertir en réalistes, isoler les radicaux et avaler les opportunistes[12]. » Une nouvelle tactique est née : fondée sur le dialogue, son but est de détruire ses adversaires.

C'est bel et bien cette stratégie que les fondations adoptent. Dans leur cas, la tâche est plus facile : non seulement elles financent une partie des organisations écologistes dont sont issus les activistes, mais elles bénéficient de surcroît d'une meilleure image puisque leur but officiel est d'œuvrer pour le bien commun. Elles peuvent donc, sans crainte d'être repérées, agir en toute impunité pour orienter le débat écologiste. Et soutenir les mouvements qui ont une vision du monde similaire à la leur : l'écologie libérale.

Leur rôle ne s'est pas arrêté là. Après avoir défini le profil des acteurs et mis en avant leur discours, les fondations ont continué à sculpter la narration pour préparer le Sommet de Rio. Elles ont d'abord fait émerger un régime climatique international en finançant des programmes transnationaux et en soutenant des ONG à vocation internationale. C'est ainsi que la Fondation Rockefeller (toujours elle) et la Fondation Rockefeller Brothers Funds (RBF, créée par les cinq fils de John Davidson Rockefeller) ont élaboré les programmes « Un seul monde : pour une utilisation durable des ressources » en 1983 et « Environnement global » en 1989, pour promouvoir une vision globale du développement. Puis, la même année, les fondations ont apporté leur soutien aux ONG – ces « prédicateurs mondiaux », comme les qualifie la RBF – telles WWF, Environmental Defense Fund ou Greenpeace International, afin qu'elles créent leur propre réseau, The Climate Action Network, qui porte leur discours à un niveau plus global[13].

Ensuite, elles ont mis en relation tous les acteurs qui partageaient leur vision du développement. Notamment en organisant des réunions internationales pour rassembler toutes sortes de profils : militants d'ONG, responsables politiques, négociateurs, scientifiques et experts. « Elles ont ainsi contribué à former la communauté climatique internationale, m'a expliqué Edouard Morena en décembre 2019, une "élite climatique" composée de quelques centaines de personnes qui partagent la même idée de ce que doit être la protection de l'environnement. » Une véritable tête pensante capable de promouvoir ses idées à grande échelle.

En 1987, par exemple, la RBF et la Fondation W. Alton Jones (créée par un industriel pétrolier et gazier) ont organisé deux rencontres importantes qui ont abouti à la création du GIEC. La seconde a carrément eu lieu au centre d'études et de conférences de Bellagio (Italie), propriété de la Fondation Rockefeller. C'est là qu'une vingtaine de scientifiques spécialistes du climat ont discuté de la manière dont il était possible de traduire en pratique la lutte contre le changement climatique. Enfin, en 1992, juste avant le Sommet de Rio, la Fondation Rockefeller a organisé, de nouveau à Bellagio, une dernière réunion entre « délégués nationaux qui suivent les négociations mondiales, des universitaires, des représentants d'ONG et des responsables de l'ONU[14] ». Maurice Strong, futur président du Sommet de Rio, y était-il présent ? Il avait toutes les raisons d'y être : en tant qu'ancien membre du conseil d'administration de la Fondation Rockefeller où il a siégé de 1971 à 1977 ; et en tant que premier directeur du PNUE, ayant contribué à la création du GIEC en 1988 (avec l'Organisation météorologique mondiale). Maurice Strong, l'un des tout premiers représentants de l'élite climatique…

Quoi qu'il en soit, en organisant et en accueillant ces débats, les fondations philanthropiques ont contribué à l'émergence de cette conviction qui allait marquer ces dernières décennies : celle du « développement durable ». « Au cours de cette période, les fondations libérales contribuèrent au déploiement du [...] “compromis de l’environnementalisme libéral”. L’idée selon laquelle la protection de l’environnement et un ordre économique libéral sont non seulement compatibles mais se renforcent mutuellement[15]. » Vues de loin, les négociations semblent menées par des experts, des personnalités au profil neutre, dont la tâche principale est de sauver l’environnement. La réalité est largement plus nuancée. Derrière certains acteurs, on trouve l’influence des hommes d’affaires qui ont fait fortune dans le pétrole, l’industrie automobile ou la grande distribution. Bien sûr, on peut leur prêter une certaine sincérité. Mais ils ont agi avec ce qu’ils étaient : de fervents défenseurs de la croissance et de l’économie de marché. Ils ont la certitude de pouvoir concilier croissance et protection de l’environnement, et ils dépensent des fortunes pour promouvoir cette conviction.

Avec succès : comme nous l’avons vu, le Sommet de la Terre, à Rio, a entériné et divulgué les principales idées des associations d’entreprises et des fondations. Après cette première victoire, ces dernières ont poursuivi leur participation active dans les discussions climatiques. La première génération a été rejointe par une seconde vague de philanthropes issus de la révolution technologique de la côte ouest : William Hewlett (1913-2001) et David Packard (1912-1996), tous deux cofondateurs d’Hewlett-Packard ; Betty et Gordon Moore (né en 1929, ce dernier est cofondateur d’Intel) ; ou encore Jeff Skoll (né en 1965), le fondateur d’eBay. « Sous leur influence, le mouvement a pris une direction plus “managériale”, souligne Edouard Morena. Ils ont importé au sein des fondations, et indirectement au sein du mouvement écologiste libéral, les principes de gouvernance d’une entreprise. Le changement climatique est alors vu comme une opportunité de faire du *business* et les dons d’argent ne sont plus considérés comme des “subventions”, mais comme des investissements qui doivent devenir rentables[16]. » Le fonctionnement des fondations est alors transformé en *process* qui doit apporter des « rendements » sociaux[17].

Le changement climatique vendu comme une opportunité économique

C’est dans ce cadre que les nouveaux venus, dont la Fondation Oak (créée en 1983 par la famille d’Alan Parker, qui a fait fortune dans les *duty free*), la Fondation Hewlett et la Fondation David et Lucile Packard, ont commandé un plan d’action au cabinet de conseil California Environmental Associates pour rentabiliser leurs investissements. Son rapport *Design to Win*, publié en 2007, deviendra, à l’instar de *Changing Course*, la pièce maîtresse de la stratégie revisitée des fondations[18]. Les principes qui y sont développés ont profondément marqué la manière dont les négociations climatiques sont menées depuis et la nature des solutions proposées.

L’une des orientations notables du texte est la volonté d’efficacité : quitte à déployer des fonds, autant qu’ils amènent des résultats. Il est coûteux, peu rentable et aléatoire de mobiliser la société civile pour débattre des grands choix à opérer. Pour être réellement efficients, les auteurs préconisent de se concentrer sur les véritables « leviers » : les hommes politiques. Comme le résume George Polk, conseiller principal de McKinsey et figure importante de la philanthropie climatique : « Les autorités gouvernementales sont débordées, sous-financées et souvent mal informées. […] Le simple fait de soutenir la recherche et de les mettre en lien avec des experts suffit très souvent à changer la façon dont les normes et les réglementations sont conçues[19]. » Cela permet d’orienter les regards vers quelques secteurs sur lesquels centrer les actions : l'énergie, l'industrie (transport, construction) et la foresterie (pour capter les émissions carbone). À l'unisson de l'IETA et dans le droit-fil des thématiques ciblées, *Design to Win* promeut le concept de « neutralité carbone » et les solutions fondées sur le marché, les « seules à stimuler l'innovation et le développement des marchés[20] ».

Comme pour les AFT, le moment culminant de leur action a été la préparation de l'accord de Paris. C'est un ensemble de fondations, réunies sous le sigle de l'European Climate Foundation, qui ont été à la manœuvre. Leur objectif est en tous points similaire à celui des AFT : « L'ECF avait pour mission de faire évoluer le discours public sur la transition bas carbone en le recentrant sur les opportunités plutôt que les coûts et les obstacles », écrit Edouard Morena[21]. Pour ce faire, l'ECF a mis en place une plateforme pour réunir les fonds versés par les fondations et les redistribuer à tous les acteurs favorables à leurs idées, comme Greenpeace, WWF ou 350.org. Et elle a financé une campagne de communication auprès des médias, des États et de la société civile : « Il s'agissait notamment d'abreuver en informations "prêtes à l'emploi" un éventail soigneusement choisi d'acteurs de la communauté climatique », explique Edouard Morena[22]. Les fondations ont ainsi instillé des idées et des éléments de langage auprès des décideurs politiques chargés de négocier l'accord de Paris. Et elles ont contribué à la fameuse « révolution » vantée par François Hollande le soir de sa signature.

Elles ont d'ailleurs poursuivi leur travail une fois que l'accord a été conclu, pour en préserver une image positive. Edouard Morena raconte comment, à la toute fin de la COP21, « les communicants cherchèrent à encadrer les sorties médiatiques des scientifiques présents à la conférence. [...] Ils tentèrent même d'empêcher certaines voix discordantes de participer à la conférence de presse organisée par les scientifiques pour réagir à l'accord ». Celle par exemple de Kevin Anderson, directeur adjoint du Tyndall Center for Climate Change Research, « l'un des rares scientifiques à questionner ouvertement la faisabilité de l'objectif des 1,5 %[23] ». Dans un article de 2015, celui-ci remet ouvertement en question la teneur de l'accord : « Il faut réduire de toute urgence et de manière significative les émissions pour atteindre ces objectifs. Mais plutôt que d'exiger des nations qu'elles réduisent leurs émissions à court et moyen termes, l'accord de Paris repose sur l'hypothèse que le monde réussira à capter la pollution carbonique qu'il produit dans l'atmosphère. Il y a quelques années, ces options exotiques à la docteur Folamour n'étaient évoquées que comme des solutions de dernier recours. Aujourd'hui, elles font partie du plan A[24]. » Plus loin, il raconte comment les scientifiques ont été sommés de taire leurs désaccords lors de la proclamation de l'accord de Paris : « Il y avait un réel sentiment de malaise chez de nombreux scientifiques présents. L'ambiance quasi euphorique créée par la circulation des différents projets de texte était en parfait décalage avec leur contenu. Cherchant désespérément à faire régner l'ordre, un petit groupe de figures influentes et parties prenantes mettait en garde toute personne qui osait [le] pointer du doigt[25]. »

Voilà comment les fondations, aux côtés des multinationales, ont façonné le débat climatique. Voilà comment elles ont contribué à faire émerger une « élite climatique » composée d'experts, de scientifiques, de politiques et de représentants de haut niveau qui donnent les principales orientations. Comme le WBCSD ou l'IETA, elles prétendent avoir une approche pragmatique, factuelle et neutre, mais elles sont empreintes de leur idéologie originelle : celle du marché. Comme l'écrit Edouard Morena : « Bien qu'elle ne se présente ni de gauche ni de droite, cette approche "environnementaliste libérale" de la philanthropie climatique recouvre un projet éminemment politique[26]. » Dans ce cadre, l'écologie est vécue comme un défi, une opportunité économique et non comme une urgence vitale qui demande une réaction immédiate de la puissance publique. « Dès lors, résume Edouard Morena, les régulateurs sont sommés d'aider les agents économiques à réorienter leurs activités grâce à des signaux positifs et un cadre incitatif plutôt que de les contraindre ou les sanctionner[27]. »

Cette analyse d'Edouard Morena est assez inédite en France, où peu de travaux ont été réalisés sur le monde de la philanthropie (le fait qu'il soit anglophone y est d'ailleurs sûrement pour quelque chose). Ce courant de pensée est largement plus répandu aux États-Unis, où de nombreux travaux ont été menés sur le sujet. Anand Giridharadas, écrivain et éditorialiste au *New York Times*, a par exemple publié en 2018 un ouvrage qui a connu un certain succès outre-Atlantique : *Winners Take All*[28]. Sa thèse est proche de celle d'Edouard Morena. Selon lui, les philanthropes participent à la montée des inégalités en accumulant des richesses et prétendent vouloir changer le monde, alors qu'ils ne veulent pas perdre leurs privilèges. C'est pourquoi ils ont fabriqué une belle mythologie en détournant la notion de changement social dans leur propre intérêt et en empêchant un véritable renversement qui pourrait s'opérer *via* les processus publics et démocratiques. Un article du *Guardian* la présente en ces termes : « Giridharadas dépeint une élite qu'il surnomme MarketWorld, un réseau international de consultants, d'hommes d'affaires et de politiciens centristes qui veulent "changer le monde tout en profitant du *statu quo*". [...] Les milliardaires de ce livre préfèrent les marchés aux gouvernements, les politiques à la politique et aiment les solutions gagnant-gagnant – ce qui est une autre façon de dire qu'ils ne doivent jamais perdre[29]. »

Ces analyses rejoignent celles de Carl Rhodes et Peter Bloom, respectivement professeur à l'Organization Studies à l'UTS Business School de Sydney et journaliste au *Guardian*. En 2018, dans un article du quotidien britannique, ils écrivaient sans ménagement à propos de la philanthropie incarnée par Mark Zuckerberg (CEO de Facebook et créateur, avec sa femme, de la Fondation Chan Zuckerberg Initiative) et Jeff Skoll (fondateur de eBay) : « Nous assistons au transfert des biens et services publics, autrefois gérés par les institutions démocratiques, aux plus riches. Dans cette classe de la société, la question n'est pas de savoir si elle doit ou non être responsable de sujets dépassant ses seuls intérêts commerciaux. La question est plutôt de savoir comment la philanthropie peut être utilisée pour renforcer un système politico-économique qui permet à un si petit nombre de personnes d'accumuler des quantités obscènes de richesses[30]. » Voilà la révolution saluée par François Hollande lors du discours qu'il a prononcé à la signature de l'accord de Paris. Voilà les secrets cachés par les belles façades des fondations philanthropiques. Allons plus loin. Pour savoir qui les fondations financent et quel discours elles soutiennent, il faut suivre la piste de leurs dons.

11

« Dis-moi qui te paye… »

Dans le champ de la protection des océans, on peut se faire une idée du rôle joué par le financement des grandes fondations philanthropiques grâce au site *Our Shared Seas*, créé en 2017 par CEA Consulting (le cabinet de conseil qui a rédigé *Design to Win*)[1], avec l'objectif suivant : « Fournir des données, des recherches et des points de vue opportuns pour soutenir les politiques, les pratiques et la philanthropie en matière de conservation des océans. » Soutenu par la Fondation Packard, ce site a mis en ligne une banque de données sur les mouvements de fonds émanant des dons des fondations. Preuve qu'elles ne cachent pas la manière dont elles distribuent leur soutien et qu'elles assument totalement leur démarche.

Les dons des fondations, destinés… aux donateurs

Le premier enseignement de ces chiffres est assez surprenant : ils montrent que l'environnement n'a jamais été dans la priorité des fondations. Les sommes qui y sont consacrées ne représentent que 2 % de leurs financements et, parmi ces 2 %, seuls 7 % reviennent aux actions tournées vers les océans. L'évolution de cette part, qui peut sembler faible, reflète cependant une autre tendance : depuis les années 2000, le sujet des océans prend de l'ampleur. Les fonds dédiés n'ont cessé d'augmenter pour atteindre 620 millions de dollars en 2016[a]. Le total des dépenses de solidarité internationale consacrées aux océans s'élevant à 634 millions pour cette même année, il s'avère que les fondations donnent presque autant d'argent que le Comité d'aide au développement (CAD) de l'OCDE (qui comprend une trentaine d'États).

Comme le soulignait Edouard Morena, le financement de la protection des océans est très concentré : vingt fondations seulement versent 73 % du total des fonds concernés. Au premier rang, on trouve la Fondation Packard, suivie de la Fondation Betty et Gordon Moore ; puis The Walton Family Foundation (issue de la chaîne de grands magasins Walmart) ; la Marisla Foundation (créée par l'héritière de Jean-Paul Getty, qui s'est retrouvée à la tête d'une fortune quand Texaco a racheté son entreprise de pétrole) ; puis la Oak Foundation. Plus loin, figurent The Pew Charitable Trusts et Bloomberg. Ainsi la majeure partie du financement privé alloué à la protection des océans est issue de familles ayant fait fortune dans la haute technologie (gourmande en terres rares et nodules polymétalliques), dans la grande distribution (grande consommatrice et vendeuse de plastique) ou encore dans le pétrole (dont une partie de l'extraction se fait en haute mer).

Quelles causes défendent-elles le plus ? À notre grande surprise, les chiffres montrent que… c'est la leur ! En effet, les financements qu'elles accordent leur reviennent

a Dernier chiffre disponible lors de mes recherches ; le site annonçait une actualisation de ces données au cours de l'année 2021.

directement ou indirectement. Ainsi, sur les 620 millions de dollars accordés au total, elles n'orientent pas du tout leurs dotations de la même manière que les institutions internationales. Alors que ces dernières privilégient la solidarité en octroyant 40 % de leurs fonds à l'Afrique, les fondations restent résolument autocentrées en redirigeant 44,8 % de leurs subsides vers l'Amérique du Nord et sa zone d'influence (Amérique centrale et Caraïbes), et seulement 7 % vers l'Asie de l'Est, 4 % vers l'Europe et un petit 1,8 % vers l'Afrique. Ces chiffres vont totalement à rebours de l'image qu'elles façonnent. Sur leurs sites, on peut voir de belles photos d'enfants ou de femmes qui récoltent des algues en Asie ou bien des pêcheurs africains qui lancent des filets en mer, laissant supposer que c'est eux qui bénéficient le plus de leur aide. Il n'en est rien. Ce sont plutôt des Nord-Américains qui récoltent la majorité des précieux financements. Et encore, pas n'importe lesquels.

Plutôt des Nord-Américains libéraux, ayant un lien plus ou moins proche avec les fondations. Car, dans le détail, la réalité se fait encore plus cruelle. Ainsi 17 % des sommes versées sont destinées au Monterey Bay Aquarium Research Institute, créé en 1987 par David Packard[2]. Cet institut de recherche a été fondé parallèlement au Monterey Bay Aquarium, destiné au public (là où Claire Nouvian, la directrice de Bloom, a eu sa révélation), financé largement par la Fondation Packard et dirigé par Julie Packard, la fille de David et Lucile. 10 % vont à Oceana, une plateforme de fondations engagées dans la protection des océans, dont les fondations Marisla, Oak, The Pew Charitable Trusts et The Rockefeller Brothers Fund sont membres. 7 % sont dirigés vers le Woods Hole Oceanographic Institution, la plus grande institution privée consacrée aux océans, financée dès sa création dans les années 1930[3] par la Fondation Rockefeller et soutenue, entre autres, par la Fondation

Betty et Gordon Moore. Directement derrière, on trouve l'ONG The Nature Conservancy, qui recueille 7 % des dons, puis WWF avec 6 % et Environnemental Defense Fund. Au total, 50 % des fonds sont concentrés sur une poignée de bénéficiaires, dont certains ont un lien financier direct avec les donateurs.

Enfin, encore une fois à l'inverse de leur communication et de leurs belles images de solidarité, le domaine de prédilection de ces fondations en matière de protection marine n'est pas de s'occuper des populations locales. Leur priorité absolue est de produire des données, des connaissances, des rapports et des expertises pour donner une image « précise », « neutre » et « objective » de ce qu'est le milieu marin. Elles dédient donc 28 % de leurs fonds à la recherche scientifique (largement produite par les centres soutenus par les fondations Packard et Rockefeller, qui reçoivent 41 % du total), tandis que 19 % seulement permettent de protéger les espaces et habitats marins, et 18 % de lutter contre la surpêche (pourtant présentée comme étant le souci principal). Une orientation bien différente des aides internationales publiques qui privilégient, dans l'ordre, la lutte contre la surpêche, les infrastructures (dont la prévention des catastrophes) et la science.

L'axe d'action principal des fondations est donc la production de données. C'est une arme déterminante quand le but est de nourrir les débats climatiques et, *in fine*, d'influencer les politiques adoptées par les dirigeants. Les habitants des petites îles menacées par la montée du niveau de la mer, les pêcheurs artisanaux et même les phoques ou les dauphins paraissent bien loin. Ils sont bien utiles pour figurer sur les sites, les communiqués de presse et interpeller l'opinion publique, mais ils semblent nettement moins prioritaires quand il s'agit de distribuer l'argent.

Des ONG pro-*business*

Nous en arrivons au troisième étage de la fusée construite par le monde des affaires pour façonner les contours du débat climatique : les ONG environnementales libérales financées par les fondations. Tout comme leurs donatrices, elles ont un atout précieux : elles peuvent paraître totalement indépendantes et dédiées entièrement à la cause qui les occupe. Pourtant, quand on creuse un peu, on retrouve de nombreuses connexions avec le monde des affaires : un financement privé issu des grandes entreprises ou de leurs fondations ; des professionnels ayant un lien direct avec les multinationales ; une vision marchande de la nature et des solutions à apporter ; une volonté de concilier croissance et développement économique au lieu de remettre en cause les mécanismes de marché. Bref, ces ONG sont les véritables « chevaux de Troie » du monde des affaires dans le débat climatique. Dernière pierre d'un édifice savamment construit pour ne pas remettre en question le cadre qui a permis à leurs dirigeants et donateurs de faire fortune.

Nous l'avons vu, les principales ONG bénéficiaires des dons de fondations en matière de protection des océans sont The Nature Conservancy, WWF, Environmental Defense Fund et The Pew Charitable Trusts (qui agit pour la préservation des océans depuis les années 2000 et qui est l'un des acteurs à l'origine de l'émergence de cette thématique). Toutes sont très proches de l'univers et du discours des firmes. Qu'elles en soient issues, qu'elles en reçoivent les subsides ou qu'elles soient partenaires au sein de plateformes qui les rassemblent. Avant tout, il s'agit d'hommes et de femmes issus du même milieu, formés aux mêmes universités, ayant un parcours professionnel similaire, dans la haute finance, les multinationales ou les cabinets d'avocats.

Prenons le cas, assez archétypique, de l'Américain Mark Tercek, qui fut CEO de The Nature Conservancy (TNC) de 2008 à 2019. Né en 1954, l'homme est un pur produit des milieux financiers puisque, après avoir étudié à Harvard, il a passé vingt-quatre ans à Goldman Sachs où il était directeur général. Dans un podcast d'une heure, accessible sur le blog de Tanya Privé (une consultante en formation d'entreprise), il raconte son arrivée à TNC en 2008 : « J'étais tout nouveau. Je me suis dit : "Wahou ! C'est comme travailler à Goldman Sachs. Je suis toujours banquier. Mais maintenant je suis un banquier de la nature"[4]. » Dès lors, il n'a cessé de vouloir importer ses méthodes de travail issues de la finance au sein de l'ONG. Les calculs, les évaluations et les résultats chiffrés étaient les clés de son succès à Wall Street. Lorsqu'il arrive à la tête de l'ONG, il ne voit pas très bien pourquoi changer ses habitudes. Il continue à vouloir remplir les caisses de cash.

C'est ce qu'il résume dans une tribune publiée sur LinkedIn en mai 2020, intitulée : « Hé les environnementalistes, quand vous levez des fonds, pensez comme des capitalistes » : « Nous devons encourager les ONG à se comporter plus comme des entreprises et les philanthropes plus comme des investisseurs. [...] Je conseille souvent : "Faites comme si vous étiez Warren Buffet. Il semble être un bon investisseur. Faites vos investissements dans le domaine caritatif que vous soutenez généreusement comme il fait ses investissements dans les entreprises"[5]. » Gérer une ONG comme une entreprise qui doit rendre des comptes à ses investisseurs, voilà sa vision. C'est ce qu'il se vante d'avoir fait à la tête de TNC : « Lorsque j'ai rejoint The Nature Conservancy, [...] nous avons récolté environ 375 millions de dollars en dons, ce qui est énorme. [...] Mais au cours de l'année qui vient de se terminer en juin 2019, donc exactement dix ans plus tard, nous avons récolté un peu plus de 750 millions de dollars. Je suis assez fier de ça. Cette croissance représente presque 400 millions de dollars. C'est à peu près le double de la taille[6]. »

Approche partagée par Rebecca Rimel, qui fut présidente du Pew Charitable Trusts de 1994 à 2019. Cette ancienne infirmière, titulaire d'un MBA (*Master and Business Administration*), a tout d'une femme d'affaires. En avril 2019, dans un entretien à *The Chronicle of Philanthropy*, elle explique comment elle a orienté sa stratégie : « Le point commun de tous les projets que nous soutenons est nos critères d'investissement. Nous sommes très clairs. C'est très quantifiable. [...] Nous ne gagnons pas tout le temps, mais généralement, en trois ou quatre ans, nous pouvons mesurer le succès et au bout de dix ans, nous atteignons généralement notre but[7]. » Un discours en totale adéquation avec la ligne de conduite édictée dans *Design to Win*. Comme si faire le « bien », agir pour l'environnement et la planète devaient être déclinés en objectifs à remplir et en comptes à rendre. Quitte à choisir les domaines d'action en fonction de résultats qui seront plus faciles à atteindre : « Nous n'aborderons pas un nouveau sujet ou une nouvelle question à moins de penser que nous avons 40 % à 60 % de chances de gagner. Car le coût d'opportunité est très élevé lorsque nous nous engageons dans de nouvelles voies de travail. » Il semble bien loin le temps où Rebecca Rimel était infirmière. Aurait-elle alors choisi de soigner une entorse plutôt qu'un diabétique parce que le résultat aurait été plus sûr et plus rapide ?

Ces ONG estiment avoir des comptes à rendre à leurs investisseurs – on pourrait même dire « leurs actionnaires » tant il est vrai qu'elles ont besoin de prouver l'efficacité de leurs programmes afin de pouvoir attirer de nouveaux fonds. Dès lors, elles mettent toutes les chances de leur côté en choisissant de véritables gestionnaires issus du milieu des affaires pour inspirer la confiance, définir leur stratégie puis l'exécuter. Comme lorsque l'on constitue le conseil d'administration d'une firme classique. Ainsi, au conseil d'administration de TNC, trouve-t-on des représentants de groupes financiers comme John Bernstein, qui fut à la tête de General Atlantic (en Europe, au Moyen-Orient et en Afrique), une société de capital-développement, pendant neuf ans ; William Frist, chirurgien reconnu, ancien chef de la majorité républicaine au Sénat (opposé à l'avortement et favorable à la libéralisation du système de santé) et président du conseil exécutif du fonds d'investissement Cressey and Company ; ou encore Douglas Petno, ancien directeur général de la banque de dépôts de JP Morgan Chase (après avoir été responsable mondial d'opérations relatives aux matières premières comme le pétrole, le gaz, les produits chimiques, les minerais et les métaux).

Du côté de WWF, siègent Robert Litterman, cofondateur de la société de conseil en investissement Kepos Capital après vingt-trois ans passés chez Goldman Sachs ; Tammy Crown, vice-présidente de la stratégie à Charles Schwab and Company, une société de courtage en Bourse basée à San Francisco ; ou encore Urs Hölzle, vice-président principal de l'infrastructure technique à Google ; sans oublier Leonardo di Caprio, qui représente sa fondation. Même chose à Environmental Defense Fund, où des directeurs de fonds d'investissement se mêlent à des conseillers aux grandes fortunes et une défenseuse de l'industrie du pétrole et gaz de schiste, ancienne ingénieure à Texaco. Autant d'hommes et de femmes qui représentent la libre concurrence, les mécanismes de marché et le rendement sur capital. Autant d'hommes et de femmes gardiens du modèle capitaliste, dont la vision de la protection de la nature passe exclusivement par les marchés.

Les cercles dirigeants de ces grandes ONG sont également des adeptes des *revolving doors* (portes tournantes), accueillant des cadres qui viennent de l'administration publique, bien utiles quand il s'agit d'entrer en contact avec les décideurs politiques et de construire ces fameux « ponts » entre le public et le privé. C'est ainsi que TNC, décidément très conservatrice, a recruté en 2013 Lynn Scarlett comme cheffe des affaires extérieures – cette secrétaire à l'Intérieur par intérim sous George W. Bush est aussi l'ancienne présidente du *think tank* libertarien Reason Foundation, qui promeut « les principes libertaires, notamment la liberté individuelle, les marchés libres et l'État de droit[8] ». Ou que WWF a recruté en 2018 Nik Sekhran après que celui-ci a œuvré au Programme des Nations unies pour le développement (PNUD), où il occupait le poste de directeur du développement durable. Enfin, les allers-retours concernent aussi les ONG entre elles puisque Jennifer Morris, qui a succédé à TNC au truculent Mark Tercek, est l'ancienne présidente de Conservation International, tandis que Roberts Carter, le CEO de WWF aux États-Unis, a passé quinze ans à TNC. Avec de telles personnalités aux commandes, les fondations philanthropiques peuvent dormir tranquilles et être assurées que le système ne sera pas remis en cause.

De « petites » ONG qui font comme les grandes

Même si ce n'est pas l'image que Bloom ou Sea Shepherd veulent promouvoir, toutes deux font pourtant bien partie de cette galaxie. Sea Shepherd arrive en bonne position dans les ONG que les fondations soutiennent, si l'on en croit les chiffres de *Our Shared Seas*. En 2016 (derniers chiffres disponibles), Sea Shepherd Conservation Society (antenne américaine de l'ONG) recevait plus de 14 millions de dollars de leur part, ce qui la plaçait en quinzième position des principaux bénéficiaires. Elle aurait également reçu, d'après l'un des auteurs du site *InfluenceWatch* (qui trace les mouvements financiers des fondations), 680 000 dollars du Fonds Skoll (du nom du fondateur d'eBay, Jeff Skoll), dont 120 000 dollars pour la seule année 2017[9]. Jeff Skoll fait d'ailleurs partie des producteurs du film *Watson*, sur Paul Watson, le fondateur de Sea Shepherd, réalisé en 2019[10]. Lors de notre conversation téléphonique, Lamya Essemlali, présidente de Sea Shepherd en France, a nié quant à elle tout lien de la structure française avec les fondations philanthropiques : « Nous ne vivons que de petits dons. Nous n'avons pas de liens avec les fondations, à part celle de Nature et Découvertes. C'est le gage de notre liberté[11]. »

Du côté de chez Bloom, l'association a reçu pendant plusieurs années de généreux dons de la part de The Pew Charitable Trusts. Selon les données fournies par l'association, cette fondation a financé Bloom en 2011, 2015 (ses dons représentent alors presque 10 % du budget global) et 2016[12]. À cette date, elle disparaît des radars pour faire place à la Fondation Oak – partenaire de PEW *via* la plateforme Oceana par exemple – qui a versé en 2018 127 487 euros à l'ONG, soit plus de 17 % de son budget annuel. Et, toujours en 2016, une nouvelle fondation apparaît dans la liste des donateurs : Fondation 2050. Elle attire l'attention, car elle verse des subsides conséquents : 52 000 euros en 2017 et 50 000 euros en 2019.

La Fondation 2050 a été créée à l'initiative de Bloom elle-même pour financer des projets de recherche correspondant « aux défis majeurs du XXIe siècle[13] ». Son président d'honneur est Daniel Pauly, biologiste marin, reconnu comme l'un des plus grands spécialistes des océans et très proche de The Pew Charitable Trusts : en tant que professeur à l'université de Colombie britannique de Vancouver, il a créé avec cette fondation, dès 1999, le programme mondial de recherche sur les océans, *Sea Around Us*[14]. Parmi les personnalités qualifiées de la Fondation 2050, on note également la présence de Les Watling, professeur émérite à l'université d'Hawaii et à l'University of the Maine's Darling Marine Center, qui a été soutenu par « The PEW fellows program in Marine Conservation » (distinction obtenue par Claire Nouvian en 2012) pour ses travaux de recherche dès 1998[15]. Par ailleurs, les deux hommes sont régulièrement cités dans les documents de l'association Bloom pour leur soutien humain et scientifique. Enfin, on découvre sur le site de la Fondation 2050 que celle-ci finance trois projets de recherche, tous menés par Bloom. Une fondation entièrement dédiée au soutien de l'ONG donc. Quant à la provenance des subsides reçus par la fondation, rien n'est indiqué (à part l'identité de cinq « donateurs-fondateurs »). Lors de notre entretien, Frédéric Le Manach a spécifié que Bloom est majoritairement financée par des dons particuliers[16].

Pourquoi Sea Shepherd et Bloom ont-elles du mal à reconnaître les liens qu'elles entretiennent avec les fondations américaines ? Toutes deux ont sans doute la volonté de paraître comme étant des structures de militants, menant une bataille avec les moyens du bord. Claire Nouvian n'arrête pas de dire que Bloom est une toute petite structure. Lamya Essemlali aime clamer que son ONG est la seule sur le terrain. Elles veulent donner l'image de « petites organisations », qui se débrouillent comme elles peuvent, face à des géants de l'industrie de la pêche. Des David contre Goliath, en somme. Si on lève le voile, on voit deux ONG qui ont des moyens financiers à faire pâlir d'envie n'importe quelle association de quartier. 14 millions de dollars de la part des fondations en 2016 pour Sea Shepherd Conservation Society. Et un budget de plus de 1 million d'euros en 2020 pour Bloom, la « petite » Française[17] (son budget a été multiplié par cinq depuis 2011). Une somme qui la place parmi les associations les mieux dotées en France.

Alors, qui sont véritablement les ONG Sea Shepherd et Bloom ? Pourquoi ciblent-elles les marins bretons ? Il est encore un peu tôt pour répondre à cette question. Mais une chose est sûre : elles ne sont sans doute pas ces petites ONG indépendantes qui ne vivent que grâce aux dons et à leurs militants, comme elles en donnent l'impression.

IV

Le mouvement d'accaparement des océans

12

« L'océan vendu par petits bouts »

Quittons Bloom et Sea Shepherd un moment pour explorer le paysage des ONG financées par les fondations. Sans surprise, leur récit ressemble à s'y méprendre à celui des multinationales. On y retrouve les mêmes ingrédients : lecture financière des problèmes environnementaux et promotion des mécanismes de marché pour sauver les océans et leurs habitants.

Donner une valeur à la nature pour être entendu par les « décideurs »

Toutes commencent leur narration par un constat alarmant. Elles parlent de l'acidification, de la montée des eaux, des agressions subies par les coraux et de la pollution. WWF, par exemple, dresse un tableau apocalyptique sur son site : « Nous avons déjà perdu la moitié de nos récifs coralliens et de nos mangroves alors qu'ils comptent parmi les habitats les plus productifs de la planète. Et nous avons exploité de nombreux stocks de poissons qui sont sur le point de s'effondrer. Cela menace les moyens de subsistance et la sécurité alimentaire des populations et nuit à d'autres espèces, notamment les oiseaux de mer, les tortues et les dauphins[1]. »

Pourtant, lorsqu'il s'agit de passer aux solutions, rien de bien révolutionnaire, au contraire. Leur vision globale s'inscrit dans le cadre qui est à l'origine même de ces maux. Le même que celui défendu par le monde des affaires et les fondations : le développement économique et la croissance. Pour poursuivre leur histoire, les ONG adoptent un lexique financier. Au lieu de considérer la nature comme un habitat commun au sein duquel nous vivons, elles l'objectivent en lui donnant une valeur économique. Comme le disaient déjà les auteurs de *Changing Course*, elles considèrent qu'il faut valoriser les services qu'elle rend afin de la rendre « visible » aux yeux des hommes. Et qu'elle puisse entrer dans le fameux outil de décision « coûts-bénéfice ».

C'est WWF qui est allée le plus loin dans cette logique puisqu'elle a calculé, littéralement, la valeur économique des océans. Mieux : elle a calculé quel serait le montant de son PIB s'ils étaient un pays. « Le "produit marin brut" annuel totalise au moins 2 500 milliards de dollars, ce qui, lorsqu'il est classé parmi les PIB nationaux, fait de l'océan la septième économie mondiale », affirmait en 2015 un rapport produit conjointement par le Global Change Institute de l'université du Queensland et le Boston Consulting Group (BCG, l'un des plus importants cabinets de conseil au monde)[2]. « C'est en quantifiant la valeur annuelle produite par les océans du globe et celle de son patrimoine que nous pouvons pointer du doigt les véritables enjeux aux plans économique et environnemental. Ce que nous espérons, c'est que cela amène les dirigeants d'entreprise et les décideurs politiques à prendre des décisions plus raisonnables et plus avisées pour façonner l'avenir de notre économie océanique commune », déclarait alors Douglas

Beal, associé au Boston Consulting Group et coauteur du rapport, sur le site de WWF[3]. On ne parle pas des océans en tant que tels, mais d'une « économie océanique ». Comme si la valeur qu'ils dégagent était plus importante que les océans eux-mêmes.

Ce regard traverse le lexique des rapports et des propositions des ONG : « actifs naturels », « biens et services écosystémiques », « productivité de nos océans », « restructuration de la dette », « obligations bleues », « innovation financière »… La nature et les océans sont disséqués, évalués, mesurés, comptabilisés pour entrer dans le logiciel de la préservation.

Est-il vraiment nécessaire de calculer le rendement de la photosynthèse que réalise le plancton depuis des milliards d'années ? ou bien celui des services rendus aux côtes par les récifs de corail ? ou encore ceux des baleines et des tortues de mer ? Du côté des ONG, les réponses sont unanimes. Melissa Garvey, responsable des océans à TNC, l'assume : « Nous faisons un gros travail de recueil de données. Pour protéger la nature, nous devons la connaître. Nous ne voulons pas la vendre, nous voulons calculer le coût de l'action et celui de l'inaction[4]. » Le discours est le même à l'Union internationale pour la conservation de la nature (UICN), fédération très influente composée de 1 400 membres, dont des gouvernements et des ONG (parmi lesquelles WWF, TNC, Conservation International ou Environmental Defense Fund) : « Donner une valeur aux écosystèmes permet de passer par tous les canaux pour convaincre l'opinion publique et les décideurs, m'a expliqué en 2020 Justine Delangue, chargée de mission "Solutions fondées sur la nature" à l'UICN. Cela pousse les acteurs à agir pour maintenir les services qu'ils rendent et les restaurer s'ils sont dégradés[5]. » Analyse rejointe par Ludovic Frère-Escoffier, responsable du programme Vie des océans chez WWF-France : « C'est dans notre ADN. Notre démarche repose sur la science, les publications, le monde de la recherche. Nous travaillons avec les universités internationales, américaines ou le CNRS mais aussi avec des plateformes comme Océan Climat. »

Joachim Claudet, président du conseil scientifique de la plateforme Océan Climat à laquelle WWF fait référence (dont font également partie TNC, PEW et l'UICN), directeur de recherche au CNRS et membre de l'IPBES, abonde : « Les ONG membres de la plateforme jouent un rôle d'aide à la décision. Certes, agir pour la conservation des océans a un côté que l'on peut qualifier de "militant", mais nos arguments ne doivent pas l'être. Pour se faire entendre, nous devons nous appuyer sur des faits scientifiques et démontrer aux décideurs qu'il revient plus cher de ne rien faire plutôt que de faire. » Quand on lui fait remarquer qu'adopter le prisme de la seule valeur économique peut s'apparenter à une posture idéologique, il ajoute : « Cela ne me choque pas. Expliquer combien cela coûte aux décideurs ne nous fait pas entrer dans une doctrine libérale. Notre rôle, en tant que scientifiques, est que les plaidoyers des défenseurs des océans soient fondés et validés par la science[6]. » La science serait-elle soluble dans les dollars et les euros ? Jean-Pierre Gattuso, chercheur au laboratoire d'océanographie de Villefranche et membre du GIEC, avance : « Il ne faut pas avoir une vision bisounours. On ne défendra pas la nature en mettant en avant ses atouts intrinsèques. Il faut apporter d'autres arguments, lui donner une valeur est un complément indispensable. C'est le langage qui permet de s'adresser aux décideurs[7]. »

Découper la nature en « actifs » pour les investisseurs

Décidemment, les ONG parlent beaucoup des « décideurs » – comme le leur avaient d'ailleurs conseillé les auteurs de *Design to Win* –, lesquels paraissent sensibles à ces arguments. Ils les ont même adoptés, comme l'atteste par exemple en France le discours que Brune Poirson, secrétaire d'État auprès du ministre de la Transition écologique, a prononcé le 6 mai 2019 à la tribune du G7 de l'environnement. À Metz, ce jour-là, elle plaidait la cause de la nature devant un parterre d'invités officiels venus réfléchir avec elle aux pistes à envisager en amont de la quinzième conférence des parties à la convention sur la diversité biologique (elle devait avoir lieu en Chine en octobre 2020 et a été décalée à octobre 2021 à cause de la crise sanitaire).

Elle a expliqué à la tribune, le visage empreint de gravité : « Si on ne veut pas un accord de papier, il faut que les acteurs montent à bord. Et pour cela, il faut mettre en place un cadre qui permette de mobiliser de façon massive les fonds privés pour être redirigés vers des projets qui sont bons pour la planète. » Or, a-t-elle précisé, les études préparatoires au sommet ont montré que, pour atteindre les objectifs en matière de biodiversité, il fallait entre 150 et 440 milliards de dollars par an, c'est-à-dire 1 % du PIB mondial. Brune Poirson en a conclu : « Il n'y a eu que 52 milliards qui ont été mobilisés en faveur de la nature, il y a donc un "sous-investissement" dans le domaine de la nature. »

Un « sous-investissement » dans la nature. Drôle d'expression pour exprimer le fait qu'il n'y a pas assez d'argent pour la protéger. Arrêtons-nous un moment sur ce terme d'« investissement ». La définition donnée par le dictionnaire Larousse est la suivante : « Opération qui permet de renouveler et d'accroître le capital d'une économie » ; ou bien : « Décision par laquelle un individu, une entreprise ou une collectivité affecte ses ressources propres ou des fonds empruntés à l'accroissement de son stock de biens productifs. » Il y a bien une promesse incluse dans le terme : celle qu'il ne s'agit pas d'un geste gratuit. Si un acteur privé accepte d'investir dans la nature, alors il peut espérer un profit, une rémunération, un « retour sur investissement ». Tout comme cela est le cas lorsqu'un industriel injecte du capital dans un outil de production : il va attendre une augmentation de la fabrication de voitures, de couches pour bébés, de barils de pétrole, de rasoirs ou de bouteilles de soda. S'agissant de la nature, la promesse est qu'elle produise quelque chose « en plus » grâce à cet engagement en capital.

Mais quoi ? Comment la nature peut-elle augmenter en productivité ? C'est ici que la démarche de monétisation prend tout son sens d'un point de vue uniquement financier. On l'a vu, il est couramment admis que donner un prix à la nature servirait à la protéger. Mais cela sert aussi – et surtout – à autre chose : à quantifier, nommer, rendre « concrets » les services qu'elle peut rendre si on y investit. Traduire la nature en monnaie permet de la « vendre » aux investisseurs, tout comme on proposerait un actif financier banal à partir duquel un certain pourcentage de profit peut être espéré. Dès lors, la nature entière, les océans en particulier, peut être organisée et découpée en morceaux afin de constituer des « actifs » destinés à des investisseurs.

Revenons au discours de Brune Poirson. Elle a poursuivi : « C'est pourquoi j'ai demandé à l'OCDE de présenter un rapport sur les intérêts économiques de la préservation de la biodiversité. [...] Et un rapport sur l'exposition au risque en matière de biodiversité. Si on fait la lumière sur les risques, à ce moment-là on envoie un signal aux investisseurs et au monde de la finance. » Voilà résumé de ce qu'est devenue la protection de la nature. Elle est traduite en chiffres pour être comprise par les financiers. En gros, le message est le suivant : une nature en bonne santé est productive, donc il faut la protéger. Et une nature dégradée est un risque, donc il faut la restaurer. *Exit* tous les autres angles d'analyse (qui pourraient par exemple voir la nature comme un « bien commun » auquel tout le monde devrait pouvoir avoir accès).

À travers le discours de Brune Poirson – mais cela pourrait être en France celui de Pascal Canfin[8] ou d'Emmanuel Macron –, on assiste à un *shift* qui a bien eu lieu celui-là : celui de la classe politique. Dans les années 1970, nous l'avons vu, les hommes d'État se considéraient comme les garants de la protection de l'environnement et tentaient de poser des limites à l'activité des industriels. Quatre décennies plus tard, tout se passe comme si la frontière qui existait entre les hommes politiques et le monde des affaires s'était effacée petit à petit, les premiers ayant pleinement épousé le mode de pensée et le langage des seconds. Comme si la fable climatique avait atteint son but et convaincu les gouvernements qu'il ne fallait surtout pas contraindre, mais construire un « cadre » favorable au changement.

Cette analyse, patiemment distillée, alliée à la financiarisation de l'économie, a abouti à une vision marchande de l'écologie. Les gouvernements ont rejoint la narration des industriels et ils se sont rangés à leur analyse. C'est peut-être la réussite ultime du mouvement de l'*environmental backlash* amorcé aux États-Unis près d'un demi-siècle auparavant : il n'y a plus de distinction entre les gouvernements et les multinationales. Tout le monde a adopté un même « logiciel » fait de chiffres, de virgules, de dollars et de points de PIB pour évoquer la protection des arbres, des zones humides, des mangroves et des poissons.

Rien d'étonnant, donc, à ce que Brune Poirson ait demandé des analyses financières pour préparer le sommet du G7 de l'environnement. Dans son discours, elle évoque les deux rapports qui ont servi de base aux discussions : *Into the Wild. Intégrer la nature dans les stratégies d'investissement*, coécrit par WWF et AXA[9] ; et *Financer la biodiversité, agir pour l'économie et les entreprises*, préparé par l'OCDE[10]. Le premier explore les raisons pour lesquelles les acteurs financiers doivent protéger la nature, et le second dresse un tableau qui se veut complet de tous les enjeux écologiques et économiques liés à la biodiversité.

Celui-ci pointe un phénomène important, qui contribue à pousser le public à bâtir des partenariats avec le privé et donc à épouser son point de vue : le manque de ressources pour protéger la nature – ce que la secrétaire d'État nomme un « sous-investissement ». Dans son discours, Brune Poirson a relayé les chiffres calculés par l'OCDE. D'après l'institution, il y a un écart estimé entre 100 et 380 milliards de dollars par an entre les sommes consacrées à la protection de la biodiversité et celles dont on a réellement besoin. Une étude produite en 2020 par l'ONG canadienne Canopy – soutenue, entre autres, par WWF, le Crédit suisse et l'Agence française de développement – est encore plus alarmante : selon elle, les sommes nécessaires à la protection de la biodiversité s'élèveront à une fourchette comprise entre 722 et 967 milliards de dollars par an d'ici à 2030 ; or, d'après elle, le total ne s'élève actuellement qu'entre 124 et 143 milliards de dollars par an (80 % venant du secteur public). Le déficit s'élèverait donc entre 589 et 824 milliards de dollars par an d'ici 2030[11]. Dans ces conditions, on se dit – et on nous dit – qu'il est tout à fait logique de faire appel aux fonds privés.

Il ne faut cependant pas occulter un léger détail, peu évoqué dans le récit proposé : les raisons pour lesquelles

les caisses des États sont vides. En novembre 2020, l'ONG Tax Justice Network a pointé l'une d'entre elles. Elle a montré que le coût de l'évasion fiscale, au niveau mondial, s'élevait à 427 milliards de dollars par an[12], c'est-à-dire plus que l'écart calculé par l'OCDE. Si on ajoute à cela le montant des exonérations fiscales (légales) privant les États de revenus (près de 100 milliards d'euros par an pour la France[13]), cela permettrait de sauver par millions des dauphins, des tortues, des cygnes et des vies humaines. De quoi rendre inutile l'existence d'une grande partie des fondations philanthropiques et des ONG qu'elles financent.

N'est-il pas ironique, dans cette version de l'histoire, que ce soient les mêmes acteurs qui privent les États de leurs subsides et qui proposent ensuite leurs services pour mener à bien des missions d'intérêt général ? Au passage, notons-le, le secteur privé ne parle plus de « subventions » à verser, comme le font les États. Il parle d'« investissements » qui rapportent des revenus. Glissement sémantique intéressant qui suggère qu'un acteur public peut bien octroyer des sommes à fonds perdus, tandis qu'un acteur privé est légitimement en attente d'un profit. Les États ont ouvert grand la porte de la privatisation de la nature. Le monde des affaires s'y engouffre. Peut-on reprocher au loup d'être un loup ? En revanche, on peut se demander pourquoi le berger ouvre l'enclos des moutons. Ceux-ci semblent condamnés à se faire dévorer.

WWF et TNC pactisent avec les assurances

Attirés par le nouveau secteur de la protection de la nature, les assureurs, les cabinets de conseil (comme McKinsey ou le Boston Consulting Group), les banquiers et les fonds d'investissement réfléchissent à la manière dont ils peuvent prendre des parts de marché. Les ONG les accompagnent, comme si cela était tout naturel. L'un des premiers rapports sur le sujet a été écrit dès 2014, conjointement par le Crédit suisse, McKinsey et WWF, sur *La Finance de la conservation* : « Le WWF et le Crédit suisse ont uni leurs forces dans le domaine du financement de la conservation afin d'identifier les conditions nécessaires pour attirer et réorienter les capitaux privés vers la conservation », est-il écrit dans l'introduction, cosignée par Hans-Ulrich Meister, le président du Crédit suisse, et Thomas Vellacott, le président de WWF Suisse[14].

L'objectif marchand y est assumé : « Ce rapport montre qu'il existe de nombreuses possibilités d'investissements inexploités dans le secteur privé pour accroître le financement de la conservation et obtenir un impact maximal tout en créant des rendements pour les investisseurs. » La catégorisation et la monétisation de la nature y sont clairement présentées comme des préalables indispensables à l'investissement du secteur privé : « Pourvu qu'il donne des résultats mesurables, le financement de la conservation par les investisseurs peut susciter de nouvelles opportunités pour créer de puissantes incitations à un développement véritablement durable. » Voilà exprimés très clairement les avantages de la monétisation.

La réflexion s'est poursuivie depuis. Nous l'avons vu, WWF s'est associée à AXA pour produire le rapport *Into the Wild* paru en 2019. De son côté, le cabinet McKinsey a publié en septembre 2020 un rapport très complet sur les bénéfices économiques liés à la conservation de la nature, où il explore les conséquences financières et politiques que va avoir le changement climatique sur nos sociétés et engage les décideurs à agir grâce aux outils de marché[15]. On notera que les auteurs du rapport remercient tout particulièrement le soutien de The Pew Charitable Trusts, TNC, Walmart et l'ONG Conservation International. Avec une mention spéciale adressée à WWF et à The Gordon and Betty More Foundation.

Enfin, le Crédit suisse a approfondi ses recherches en faisant une étude sur l'appétence des investisseurs pour l'économie bleue publiée en 2020 – appuyée par la Commission européenne et WWF. Elle montre que 72 % des investisseurs sont prêts à se lancer dans le secteur, ce qui fait dire à Louise Heaps, à la tête de l'économie bleue à WWF, dans la conclusion du rapport : « Il est certain que, s'il est géré efficacement, l'océan peut continuer à fournir d'énormes avantages aux entreprises et à la société. [...] Les prochaines étapes consisteront à travailler avec les investisseurs et d'autres acteurs de la finance classique pour élaborer les orientations nécessaires à leur mise en œuvre et faire en sorte que la santé et la résilience des océans soient au cœur des futures décisions d'investissement[16]. »

On le voit, avec l'appui des ONG et des fondations favorables au partenariat public-privé dans le domaine de la conservation en général, et dans la *blue economy* en particulier, les acteurs privés ont commencé à déployer des moyens conséquents pour investir dans le secteur. Les interlocuteurs parlent d'innovations à développer ensuite à grande échelle, mais les initiatives mises en place donnent une idée des nouvelles méthodes conçues pour protéger la nature – en lieu et place de réglementations contraignantes qui pourraient être imposées par les États.

C'est ainsi que la banque Natixis, *via* sa filiale Mirova, entend se positionner dans les secteurs responsables. Son fonds d'investissement Althelia Sustainable Ocean Fund prétend soutenir des activités marines durables en mer et sur les côtes. Le principe : faire appel à des partenaires privés (comme des compagnies d'assurance ou des banques) qui souhaitent investir dans des entreprises ayant un impact positif sur les océans. C'est ce que m'a expliqué, en mars 2021, Antoine Rougier, directeur technique en environnement marin de ce fonds : « Nous avons investi dans une ferme aquacole au Mexique, une start-up qui fabrique des filets pour réduire les captures de juvéniles, ou encore dans une entreprise qui produit de la protéine d'insectes destinée à l'aquaculture. Soit nous prenons des parts dans l'entreprise, soit nous leur prêtons de l'argent. Dans les deux cas, nous assurons un retour sur investissement à nos partenaires[17]. »

Démarche ardemment soutenue par des acteurs qui nous sont à présent familiers : « Notre *board* d'experts comprend les ONG Conservation International et The Environmental Defense Fund ainsi que la Fondation Packard », précise Antoine Rougier. Début 2021, le fonds venait tout juste de démarrer et il ne souhaitait pas encore divulguer l'identité des investisseurs. Il a tout de même présenté les principaux mécanismes. De prime abord, ils paraissent simples mais, dans les détails, ils supposent la mise en place d'une véritable ingénierie financière. Il y a tout un travail de diagnostic puis de suivi et enfin de certification à mettre en place : « Nous faisons d'abord une pré-évaluation pour mesurer les impacts positifs potentiels et les risques du projet, décrit Antoine Rougier. Puis nous faisons un travail plus approfondi afin d'établir un plan d'action social et environnemental qui notifie les progrès à réaliser. Enfin, nous faisons une visite de terrain tous les trimestres. Nous disposons de personnel pour mener ces missions, des traders en carbone, des banquiers, des investisseurs. Mais nous faisons aussi appel à des équipes externes, spécialisées dans l'agronomie et les critères de l'investissement responsable. »

Au vu de ce déploiement de moyens, on comprend assez vite que les projets visés ne sont pas de « petits projets » mais des entreprises d'une taille suffisamment importante pour entrer en négociation avec un fonds d'investissement. Cela suppose le recours à des avocats, des cabinets financiers et des négociateurs. Il faut avoir les reins assez solides pour embaucher le personnel adéquat ou avoir recours à des prestataires extérieurs. Antoine Rougier le confirme : « Nos projets pèsent entre 3 et 10 millions. » Quand on demande le niveau de rentabilité promis aux investisseurs, la réponse reste plutôt floue : « C'est une fourchette basse, à deux chiffres. »

On le voit, les fonds à impact, dont le but est de dégager un « retour sur investissement », font tout pour minimiser le risque financier de leurs opérations. En toute logique, ils doivent assurer une rentabilité à leurs partenaires et choisissent des structures qui ont fait leurs preuves, positionnées sur un marché où elles peuvent dégager des profits à plus ou moins long terme. Les critères économiques prennent le pas sur les critères écologiques. Cela exclut d'emblée les initiatives locales ou vraiment innovantes, menées par de petites structures, dans un objectif exclusif de conservation. Celles-ci sont considérées comme trop fragiles et trop risquées. Dans ce cas, la logique d'un fonds privé est-elle compatible avec une mission d'intérêt général ?

Une assurance sur mesure pour les coraux

Le monde des assurances répond « Oui ». Dans un rapport paru en 2019, intitulé *Adaptation et assurances fondées sur les écosystèmes : succès, défis et opportunités*, auquel The Nature Conservancy a participé, les professionnels du secteur présentent leur stratégie pour partir à l'assaut des marchés qui se profilent[18]. Ils expliquent que le monde des assurances est concerné à double titre. D'abord en tant qu'entreprises soumises à une concurrence féroce, elles souhaitent « explorer et rechercher des moyens de soutenir l'innovation » et « développer de nouveaux marchés et accroître les sources de revenus[19] ». Mais aussi en tant qu'investisseurs : « Les assureurs sont parmi les plus grands investisseurs sur le marché des capitaux. [...] Leur expertise en modélisation des risques et d'évaluation peut les aider à investir dans les infrastructures vertes/bleues » ; elle « pourrait permettre de libérer un nouveau potentiel commercial et, en fin de compte, offrir de nouvelles sources de revenus[20]. »

Le secteur est passé de l'étape réflexion, menée avec WWF, à l'étape réalisation, menée avec TNC. En 2016, Swiss Re, compagnie suisse, leader sur le marché de la réassurance, s'est ainsi alliée avec l'ONG pour promouvoir une première mondiale : l'assurance d'une barrière de corail au large de Cancún, au Mexique. Les plaquettes de présentation publiées par TNC expliquent que, dans cette baie faite de longues plages de sable blanc et recouverte de barres d'hôtel, l'industrie du tourisme est une véritable manne. Et cela grâce à la deuxième plus longue barrière de corail au monde : « Un million de touristes par an payent environ 60 millions de dollars aux tours opérateurs locaux. Sans le récif, il n'y aurait pas de plage ; les plages et le récif font vivre l'économie touristique de Quintana Roo, qui représente 9 milliards de dollars », détaille le prospectus[21]. Dans ce contexte, la disparition des coraux constituerait un véritable drame, insiste Mark Way, ancien collaborateur chez Swiss Re, qui travaille depuis à TNC, comme il me le précise quand nous échangeons en janvier 2021 : « Leur valeur est immense. Non seulement ils attirent les touristes qui viennent dans la région pour les admirer, mais en plus ils protègent la côte en cas de tempête : ils diminuent de 90 % l'énergie des vagues[22]. » Quand il était à Swiss Re, il a participé à la conception du modèle mathématique simulant les dommages que peut entraîner une tempête et il promeut désormais le produit au sein de l'ONG. La meilleure manière de valoriser les coraux serait de mettre en avant les services qu'ils rendent aux humains : pour lui, cette vision utilitariste va de soi. Comme si le seul but de l'existence du corail était de protéger les touristes logés dans cette enfilade d'hôtels.

C'est avec ces arguments que TNC a rencontré les élus et les professionnels du tourisme de la région en 2016. Elle leur a proposé son tout nouveau produit : une assurance sur leur barrière de corail afin d'avoir les fonds nécessaires à leur réparation en cas d'ouragan. L'opération coûte cher : de 100 000 dollars à 150 000 dollars pour 20 km^2 et trente jours de travail[23]. Mais, insiste l'ONG, accuser les pertes liées à leur dégradation reviendrait encore plus cher. Souvenons-nous de l'argument destiné aux décideurs : « Montrer qu'il revient plus cher de faire que de ne pas faire. » Cela a visiblement marché : « Nous leur avons proposé de créer un fonds commun, The Quintana Roo's Trust for Coastal Management, Social Developpement and Security, pour payer cette assurance. C'est un produit totalement novateur. Elle a un fonctionnement paramétrique qui calcule le montant du remboursement en fonction de la vitesse du vent », précise Mark Way, enjoué.

Les ingénieurs de Swiss Re, dont il a fait partie, ont défini les critères suivants : si le vent ne dépasse pas 130 nœuds et cause des « dégâts modérés », alors 40 % du fonds est débloqué ; s'il dépasse les 130 et qu'il cause des « dégâts catastrophiques », alors c'est 100 % du fonds qui est versé, l'indemnité maximale étant de 3,8 millions de dollars par an. D'après Mark Way, le mécanisme fonctionne : « Nous l'avons déclenché une première fois, en octobre 2020. Une indemnité de 40 % a été versée, c'est-à-dire 800 000 dollars. » Une brigade formée par des bénévoles (guides touristiques, professeurs ou plongeurs professionnels) est ensuite chargée de réparer les coraux. Armés d'un ciment spécial et de bouteilles de plongée, les hommes et les femmes volontaires passent de longues heures à recoller les milliers de morceaux de corail éparpillés par la tempête. Ainsi restaurés, ils peuvent à nouveau jouer le rôle que leur assignent les hommes : protéger les hôtels construits le long de la côte et constituer le point culminant du séjour des touristes qui pourront les admirer.

Ironie du mécanisme : l'argent drainé par la principale cause de destruction des fonds marins, le tourisme (qui produit eaux usées, pollution plastique et eutrophisation), sert à assurer la protection des coraux. C'est par l'argent qui détruit que l'on protège. Lorsqu'on en fait la réflexion à Mark Way, il avance une réponse d'assureur, très pragmatique : « On peut assurer le corail contre les tempêtes parce qu'on peut agir sur les dégâts causés en les réparant. On ne peut pas assurer les plages contre les ravages du tourisme, car les origines nous en échappent. » Quant à la privatisation d'un bien, la barrière de corail, au profit d'un fonds qui gère l'assurance et les réparations, il ne voit pas le problème : « Le corail est un actif public, mais les hôtels en tirent des bénéfices. Il est donc normal qu'ils aient le droit de l'assurer. » Se peut-il que les professionnels du tourisme en revendiquent la propriété sous prétexte qu'ils participent au financement de sa protection ?

La question reste en suspens. Quoi qu'il en soit, de manière tout à fait concrète, les bénévoles de la brigade ont dû, eux aussi, mettre la main au portefeuille lors de l'intervention évoquée par Mark Way en octobre 2020. Lorsqu'une tempête s'abat sur la barrière de corail, il faut être très réactif : la première phase, qui comprend la réparation, la stabilisation et la collecte de morceaux de corail, doit être réalisée en un mois. Or, même si Mark Way a présenté un bilan positif de l'opération, dans les faits, les fonds ont mis du temps à être débloqués : « Il a fallu deux ou trois semaines pour que le gouvernement reçoive le versement, relate un article du *New York Times*, puis près d'un mois supplémentaire pour que le fonds, composé de fonctionnaires du gouvernement et d'un représentant de l'industrie du tourisme, décide de la manière de le distribuer[24]. »

Si bien, écrit le quotidien, que, « pour couvrir les coûts immédiats de carburant et de nourriture, M. Secaira, de The Nature Conservancy, a approuvé un montant de 1 000 dollars provenant d'un autre fonds, et le docteur García Rivas a avancé l'argent de sa propre poche ». De son côté, Claudia Padilla, chercheuse à l'Institut national de la pêche et de l'aquaculture au Mexique, qui a élaboré les protocoles de réponse aux ouragans de la brigade et formé ses membres, regrette, dans le même article : « Si l'argent de l'assurance avait été disponible en temps voulu, les résultats de l'effort de sauvetage auraient pu être largement multipliés. » Finalement, innovant ou pas, le produit proposé par Swiss Re semble présenter les mêmes défauts qu'un produit d'assurance banal : merveilleux sur le papier, mais compliqué à déclencher en pratique.

En 2020, tous les projecteurs étaient braqués sur la baie de Cancún et cette première mondiale. Swiss Re et TNC se devaient d'être exemplaires. Mais que deviendra cet outil s'il est déployé puis développé à grande échelle, devenant ainsi un produit courant ? Y aura-t-il, comme dans tous les contrats d'assurance, des astérisques qui limitent l'intervention des assureurs ? et qui réduisent ainsi le niveau de protection des « actifs naturels » ? Dans ce cas, les coraux seront-ils considérés, ni plus ni moins, comme des voitures ou des immeubles à assurer ? Et que fera-t-on de la catégorie « catastrophe naturelle », généralement liée au réchauffement climatique, dont la destruction des coraux sera à la fois la conséquence et l'origine ?

13

Le mirage des « forêts bleues »

L'économie bleue condamne les politiques environnementales à s'adapter au marché et non l'inverse. Pendant ce temps-là, on peut continuer à produire et consommer des voitures, des immeubles, des téléphones, de la viande et de l'énergie. Il ne reste plus qu'à « panser » les maux causés par un système qui est et restera polluant.

Stocker du carbone en mer

D'où l'intérêt des mécanismes de compensation. D'un côté, ils permettent de continuer à émettre des tonnes de CO_2. De l'autre, ils prétendent les éliminer de l'atmosphère pour arriver à une somme nulle. On appelle cela la « neutralité carbone » ou encore le *net zero*. Le principe a été présenté comme un bond historique lors des accords de Kyoto en 1997 puis par l'accord de Paris en 2015. Depuis 2019, comme on l'a vu, la Commission européenne se veut exemplaire en la matière et souhaite généraliser ce concept à l'échelle de son territoire grâce au *Green Deal*. Son but : « Transformer l'UE en une société juste et prospère, […]

caractérisée par l'absence d'émissions nettes de gaz à effet de serre d'ici 2050[1]. » Le Parlement européen se fait précis pour définir les moyens qui permettraient d'y aboutir : « Pour atteindre des émissions nettes nulles, toutes les émissions de gaz à effet de serre dans le monde devront être compensées par la séquestration du carbone. Un puits de carbone est tout système qui absorbe plus de carbone qu'il n'en émet. Les principaux puits de carbone naturels sont le sol, les forêts et les océans[2]. »

Attention, indique la Commission, la compensation ne doit pas être la première solution envisagée par les entreprises. Auparavant, elles doivent tout faire pour réduire leur empreinte carbone. En remplaçant les énergies polluantes, comme le charbon, par des énergies considérées plus propres, comme l'éolien, l'hydraulique ou l'hydrogène. Mais quand cela est impossible – ou trop cher ou trop contraignant –, alors les industries peuvent se tourner vers les solutions de compensation. Pour cela, elles ont le choix entre plusieurs mécanismes. Soit elles échangent des quotas sur les marchés carbone (il en existe trente et un dans le monde[3]). Soit elles ont recours aux puits carbone, naturels ou technologiques. Dans ces deux derniers cas, souligne la Commission, les océans sont un élément clé.

Voyons la première option, la capture et le stockage du carbone (*capture and carbon storage*, CCS). Cette solution technologique, le plus souvent basée en mer, est largement soutenue par l'industrie pétrolière et gazière. Son principe : piéger le CO_2 en l'injectant dans une formation géologique pour éviter qu'il reste présent dans l'atmosphère. Le processus se décompose en trois étapes majeures : le captage, principalement *via* des solvants qui absorbent le CO_2 ; le transport par canalisation, bateau ou camion ; et le stockage géologique, à terre (onshore) ou en mer (offshore).

Depuis 2019, l'association transnationale des grandes majors pétrolières, l'Oil and Gas Climate Initiative (OGCI), soutient activement huit grands projets de séquestration de CO_2 dans le monde, dont celui du consortium formé par Total, Exxon et Equinor en mer du Nord, au large de la Norvège[4]. Avec l'appui du gouvernement norvégien, qui leur a octroyé des subventions, les trois compagnies participent à la mise au point du premier service commercial de transport et de stockage à grande échelle et à 2 600 mètres de fond[5]. Le but étant de démontrer qu'il est une solution fiable, rentable et efficace contre le réchauffement climatique. Sa capacité totale de stockage n'est pas très élevée puisqu'elle plafonne à 5 millions de tonnes de CO_2 par an, alors que, rien qu'en France, les émissions totales s'élevaient à 465 millions de tonnes de CO_2 par an en 2017[6]. Mais pour la Norvège et les industriels, il s'agit d'une première étape cruciale dans l'élaboration de la narration climatique sur le carbone.

La technique fait pourtant l'objet de nombreuses réserves. Selon une étude parue en 2021 du Tyndall Center, à Manchester, commandée par les ONG Les Amis de la Terre écossais et Global Witness, elle est encore loin de pouvoir être déployée à grande échelle[7]. D'après ses calculs, seuls vingt-six projets sont en cours, dont la capacité de stockage totale s'élève à 39 millions de tonnes de CO_2 par an, c'est-à-dire seulement 0,1 % des émissions annuelles dues aux combustibles fossiles. Et moins d'un cinquième des projets lancés en 2010 se sont révélés opérationnels en 2019. On est donc loin de l'efficacité promise en 2030. En France, l'Ademe a émis les mêmes réserves : « Sa difficile mise en œuvre et son coût très élevé font du CCS une solution risquée qui arrive en dernier ressort dans une analyse coûts-bénéfice. »

Enfin, cette solution n'est pas sans danger pour l'environnement. Déjà, la technique elle-même est polluante puisqu'elle est responsable, d'après l'Ademe, de l'émission de 20 % en plus de CO_2 dans l'atmosphère en raison des solvants utilisés pour le captage. De plus, même si les risques du stockage en mer sont pour l'instant peu documentés, l'Ademe met en garde contre les accidents potentiels. Elle cite ainsi le cas du lac de Nyos, au Cameroun, qui a subi en 1986 une forte secousse suite à la chute d'un bout de falaise et à un glissement de terrain. Le CO_2 stocké sous les eaux a alors été brusquement libéré et 100 000 à 300 000 tonnes de gaz se sont répandues dans l'atmosphère dans un rayon de vingt-cinq kilomètres, tuant 1 746 personnes et 3 500 animaux. Que se passerait-il en cas de fuite dans une installation offshore ? J'aurais aimé en savoir plus sur le sujet, mais l'Ademe n'a pas souhaité répondre à mes sollicitations.

Les mangroves, stars de la captation carbone

Si la technique du CCS est pour l'instant jugée peu efficace pour « décarboner » le modèle énergétique dominant, qu'en est-il de l'autre option, les « solutions fondées sur la nature » ? Depuis quelques années, celles-ci sont largement relayées par des ONG comme WWF, The Nature Conservancy ou l'UICN. Elles font partie du *package* vendu par la politique climatique actuelle, au même titre que les « investissements » dans la nature et la « neutralité carbone ». Justine Delangue, chargée de mission à l'UICN, explique : « Les solutions fondées sur la nature proposent d'utiliser les écosystèmes pour répondre aux grands défis environnementaux. Dans ce cas, ce ne sont pas les technologies qui apportent la solution, mais la nature. Par exemple, on va se servir des zones tampons comme les zones humides pour limiter les inondations et absorber la pollution[8]. »

Dans le cas de la capture carbone, on utilise la capacité naturelle des arbres ou des océans à stocker le CO_2 pour le retirer de l'atmosphère. En 2018, l'UICN a expliqué le mécanisme dans un rapport sur le sujet : « Les écosystèmes marins absorbent un quart du CO_2 produit par les activités humaines chaque année. Ils constituent les plus importants réservoirs vivants de carbone et en concentrent cinquante fois plus que l'atmosphère[9]. » C'est ainsi que le phytoplancton et les coraux sont considérés comme étant des « puits carbone », un véritable trésor pour compenser.

Mais les stars de la séquestration carbone, du moins décrétées comme telles, ce sont les mangroves, ces sortes de forêts que l'on trouve le long des littoraux marécageux dans les régions tropicales et subtropicales : « Ces zones humides océaniques stockent jusqu'à dix fois plus de carbone par unité de surface que les forêts terrestres, ce qui en fait un allié essentiel dans la lutte contre le changement climatique », estime l'ONG Conservation International, très active dans leur préservation[10]. Elles sont d'autant plus précieuses qu'elles sont menacées de disparition : en 2018, on estimait que leur volume avait fondu de 30 % au cours des vingt-cinq années précédentes[11]. C'est donc tout naturellement sur les mangroves que les ONG et les industriels ont jeté leur dévolu.

Quel est le principe ? C'est un peu le même que celui du programme de « réduction des émissions provenant du déboisement et de la dégradation de la forêt » (REDD) mis en place par les Nations unies. Il propose que les pays du Sud soient soutenus financièrement pour reforester leur territoire et, ainsi, augmenter le volume de captation carbone. Nous avons d'un côté les industriels, pour la plupart basés dans l'hémisphère nord ; et de l'autre les mangroves, majoritairement présentes dans l'hémisphère sud. Entre les deux, les ONG qui promettent aux deux parties de faire un deal « gagnant-gagnant » : les industriels compensent leurs émissions en achetant des crédits carbone – *via* des ONG – à des communautés locales qui restaurent les mangroves menacées de disparition. Celles-ci, grâce à l'argent reçu, sont censées protéger leur territoire et améliorer leur qualité de vie en construisant des puits et des écoles.

Petit détail qui n'en est pas un : le projet doit « produire » du carbone. C'est-à-dire qu'il doit donner lieu à une captation carbone qui n'aurait pas eu lieu dans des conditions normales. C'est pourquoi un vérificateur agréé est sollicité pour certifier qu'ils viennent bien d'une reforestation ou d'une replantation créée pour l'occasion et non d'une mangrove préexistante en bonne santé. Un circuit décrété vertueux, qui s'inscrit parfaitement dans la logique de l'économie bleue. Des projets ont ainsi émergé, dont Mikoko Pamoja, au sud-est du Kenya, et Tahiry Honko, au sud-ouest de Madagascar. Tous deux, d'étendue modeste, se veulent des programmes précurseurs en la matière.

Le premier, soutenu, entre autres, par WWF Kenya, est présenté comme l'un des premiers projets de ce type à avoir vu le jour au niveau mondial en 2012. Son objectif, jusqu'en 2033, est de conserver et restaurer un peu plus de 110 hectares de mangroves, ce qui représente 3 000 tonnes de CO_2 par an. Les crédits carbone ainsi créés sont échangés sur le marché carbone volontaire (*voluntary carbon market*, un marché de gré à gré fondé sur le volontariat) ; en retour, les 5 400 habitants de la région, qui ont contribué à la restauration des mangroves, doivent recevoir 12 000 dollars par an. Cette somme est censée améliorer leurs conditions de vie et les aider à développer l'écotourisme (envisagé comme une source de revenus complémentaires dans la région)[12]. Le second, à Tahiry Honko, à Madagascar, est soutenu par l'ONG Blue Ventures. Il court sur vingt ans et s'étend sur 1 200 hectares dans le but de fournir 1 400 tonnes de CO_2 par an. Cette fois, l'argent reçu sert à soutenir dix villages dans une zone appartenant à une aire marine protégée (AMP)[13].

Il s'agit d'expérimentations mais, lorsque le mécanisme sera suffisamment abouti, le but est de « fournir » en crédit carbone les industries qui continuent de polluer afin que celles-ci puissent atteindre le fameux *net zero* fixé par les textes internationaux. On en était loin en 2021, puisque les deux projets présentés comme faisant partie des plus avancés au niveau mondial ne « produisaient » que 4 500 tonnes de carbone bleu par an (l'un devant se finir en 2033 et l'autre en 2036 environ). Une goutte d'eau lorsque l'on sait que les émissions de CO_2 des secteurs du charbon, du pétrole, du gaz naturel et des procédés industriels ont atteint 37,1 milliards de tonnes de CO_2 dans le monde en 2017[14].

L'un des projets sur lesquels on a le plus de recul, présenté lui aussi comme l'un des plus importants menés jusqu'à présent, a eu lieu au Sénégal, en Casamance et dans le delta du Saloum. L'opération « Plante ton arbre » a été lancée en 2006 par l'ONG sénégalaise Oceanium. Danone l'a rejointe en 2009, *via* son fonds d'investissement à impact créé avec l'UICN (rebaptisé Livelihoods Funds en 2011), conférant une dimension internationale à l'opération. D'après le Livelihoods Funds, le partenariat a permis de financer des pirogues, du matériel informatique et des camions pour « mobiliser plus de 100 000 volontaires de 450 villages différents pour replanter 80 millions de palétuviers[15] ». Le fonds, qui s'est depuis ouvert à d'autres entreprises comme Hermès, le Crédit agricole ou Michelin, en vante les résultats : « En plus des bénéfices sociaux générés par ces nouvelles mangroves, les 8 000 ha de mangroves restaurées grâce à ce projet permettront de séquestrer près de 600 000 tonnes de CO_2 sur vingt ans[16]. »

Cette vision idyllique n'est pas partagée par tout le monde. Marie-Christine Cormier, chercheuse en sciences sociales à l'Institut de recherche pour le développement, a passé plusieurs semaines sur place : « Il y a eu beaucoup d'erreurs. Déjà, les terrains ont été choisis en fonction de leur visibilité et non en fonction de leur capacité de reboisement. Ensuite, seule une variété de palétuviers a été plantée en monoculture, ce qui ne favorise pas la biodiversité. Enfin, aucune étude n'a été menée pour savoir si les mangroves avaient effectivement repoussé et si leur capacité de stockage avait augmenté[17]. » Mais le pire, selon elle, est le mouvement d'accaparement des terres auquel le projet a abouti : « Concrètement, une fois que les palétuviers étaient plantés, les femmes qui y pêchaient les huîtres ne pouvaient plus y accéder. Elles ont alors perdu des revenus importants. Certaines d'entre elles ont fait de la résistance passive en refusant de participer à la campagne de plantation. »

Pour la chercheuse, tout cela découle du fait que, aux yeux de l'ONG Oceanium comme à ceux du fonds d'investissement de Danone, les mangroves n'avaient qu'un seul intérêt : produire des « crédits carbone ». Dans un article sur le sujet, elle insiste sur la valeur sociale, culturelle et même spirituelle que ces espaces ont pour les femmes : « La mangrove est leur espace de vie, leur terroir ou encore leur patrimoine, hérité des anciens, dans lequel elles s'identifient et qu'elles entendent préserver et défendre pour le transmettre à leurs descendants[18]. » D'après elle, le programme a totalement occulté cet aspect. Comme si la nature avait créé les mangroves à seule fin de produire des crédits carbone capables de compenser les émissions. Comme si on pouvait produire des « puits carbone » à la chaîne de la même manière que les pots de yaourt. Marie-Christine Cormier estime que c'est un bel exemple d'« impérialisme bleu » : « C'est un accaparement des terres qui aboutit à une perte de pouvoir des communautés au profit des grandes entreprises privées à la recherche de crédits carbone[19]. »

Du côté de l'ONG, on réfute totalement ces accusations (Livelihoods, également contacté, n'a pas donné suite). Selon Angèle Lecomte, directrice exécutive à l'ONG Oceanium, la population locale avait bien accès aux terres après la reforestation et, en plus, la plantation de mangroves a eu des effets positifs sur les populations : « Non seulement les habitants sont rémunérés 180 euros par hectare replanté, soutient-elle, mais en plus cela restaure l'écosystème local, ce qui a des répercussions socioéconomiques positives. Cela permet de soutenir les activités de la zone et d'éviter un exode rural, mais aussi aux enfants d'aller à l'école. » D'après elle, le projet « Plante ton arbre » a été un succès, et Danone s'en est retiré en 2014 après qu'il a abouti. Elle estime que les critiques formulées à l'égard du programme sont des tentatives de sabotage et maintient que l'ONG reçoit de nombreuses demandes pour répliquer l'expérience.

Oceanium a donc lancé en 2020 un nouveau programme de restauration de 7 000 hectares au Sénégal : « Dans le cas du programme mené avec Danone, comme dans celui que nous menons actuellement, nous ne sommes que des intermédiaires entre les investisseurs et les communautés locales. Nous proposons une "prestation" de production de crédits carbone à un fonds d'investissement et nous faisons en sorte de la mener à bien. » Angèle Lecomte reconnaît que de pareils projets sont complexes et supposent une vaste mobilisation de capitaux : « Les crédits carbone doivent être certifiés par un organisme spécialisé et cela coûte environ 60 000 euros. Il faut donc que le programme soit suffisamment sûr et rentable pour être lancé. »

Les paradoxes de la « neutralité carbone »

Même si Angèle Lecomte reste persuadée qu'une telle démarche est bénéfique pour les habitants, elle émet quand même quelques réserves : « Les effets sont peut-être positifs à court terme au niveau local. Mais la question de la rémunération de la population locale se pose. Dans certains cas, le crédit carbone est vendu 2 euros alors qu'il n'a coûté qu'un euro. Et puis, il y a la question du sens. Au bout du compte, cela ne résout pas la question de l'émission même du carbone. À notre échelle, on commence à s'interroger sur les conséquences du développement d'un tel marché. »

Étonnamment, la directrice d'Oceanium n'est pas la seule professionnelle à évoquer les effets délétères de l'expansion des marchés carbone. Steven Lutz, responsable du carbone bleu au GRID-Arendal, un centre de communication environnementale à but non lucratif basé en Norvège, qui suit les programmes du Kenya et de Madagascar, partage cette réserve : « Il ne faut pas oublier le plus important : la justice sociale. Il faut absolument que les populations locales reçoivent les bénéfices liés à la vente des crédits carbone et que cela concoure réellement à l'amélioration de leur qualité de vie. Cela n'est pas toujours garanti. Nous avons été en contact avec des ONG qui voulaient garder 50 % de la valeur produite[20]. » C'est ainsi que, dans certains programmes, les habitants, en bout de chaîne, ne perçoivent que 10 % de la totalité de la somme correspondant à la vente des crédits carbone. Cela fait bien peu, surtout quand l'un des arguments mis en avant est justement l'amélioration de leurs conditions de vie.

Les partisans du crédit carbone s'inquiètent des limites du modèle, mais le mal n'est-il pas déjà fait ? La demande de crédits carbone explose et, avec elle, la volonté de multiplier ce type de projet. Les impératifs de neutralité carbone – qui de loin peuvent paraître vertueux – poussent les grands industriels et les multinationales à vouloir acheter des crédits carbone en masse. D'après une étude publiée début 2021 par The Taskforce on Scaling Voluntary Carbon Market (un *think tank* en faveur du marché carbone parrainé par l'Institute of International Finance, dont sont membres BP, Shell, Total, Goldman Sachs, Boeing ou Black Rock), il faudrait que la taille des marchés carbone soit multipliée par quinze d'ici à 2030 pour réduire de plus de la moitié les émissions de gaz à effet de serre d'origine humaine[21].

Problème : il n'y a pas d'offre suffisante pour répondre à ce nouvel appétit, comme en témoigne Leah Glass, le responsable technique des projets sur les mangroves à Blue Ventures, l'ONG qui intervient à Tahiry Honko : « Nous avons constaté une très forte demande pour les crédits carbone de Tahiry Honko, sûrement à cause du faible nombre de projets de carbone bleu sur le marché. La demande est bien supérieure à ce que nous pouvons fournir. Par exemple, nous avons eu plusieurs acheteurs intéressés par l'achat de centaines de milliers de crédits par an. Et dans un cas, plus d'un million[22]. » Steven Lutz le confirme : « Nous sommes encore un domaine émergent. Nous avons été contactés par de nombreux acteurs, mais nous leur avons répondu que nous n'étions pas prêts. Il faut être attentif, se poser les bonnes questions et ne pas se lancer dans la finance bleue les yeux fermés[23]. »

Une telle prudence est-elle compatible avec l'injonction de neutralité carbone stipulée par les textes internationaux et le *Green Deal* européen ? Ces textes ne poussent-ils pas les entreprises à consommer du crédit carbone quelles que soient ses conditions de « fabrication » ? Finalement, arrivés au niveau des solutions, nous sommes confrontés aux mêmes tensions que celles que renferme le terme « développement durable », cette fameuse injonction contradictoire léguée par les auteurs de *Changing Course* et entérinée par le

Sommet de Rio. Pour être réalisés, les objectifs de compensation carbone font peser l'effort de production sur les pays du Sud et, en plus, ils sont gourmands en argent, en espace et en volume. Si bien qu'ils font craindre – même aux professionnels – les dérives propres à la mise en place d'un développement industriel : privilégier la quantité sur la qualité. Ce qui aboutirait à la production de crédits carbone bleus au rabais, dont les impacts sur les habitants et la nature environnante seraient délétères, comme cela est dénoncé dans le cas de la reforestation à terre.

Enfin, nous l'avons constaté, le processus est lent et le volume de crédits carbone reste assez modeste. Une nouvelle piste est donc à l'étude : le *blue carbon* produit pas les animaux marins et plus particulièrement les baleines. D'après un article de *Finance & Development* paru en 2019, elles pourraient bien détrôner les mangroves et devenir les nouvelles vedettes des océans : chaque individu séquestre en moyenne 33 tonnes de CO_2 par an, tandis qu'un arbre n'en absorbe que 48 livres par an[24]. Et, comme leur population a chuté des trois quarts, les auteurs affirment : « Les services écosystémiques des baleines pour nous et pour notre survie sont beaucoup moins importants que ce qu'ils pourraient être. » Cela en fait donc de parfaites candidates à la production de crédits carbone.

C'est dans cette logique que les chercheurs ont calculé leur valeur pour montrer à quel point elles sont précieuses et qu'il faut les protéger. Ils ont donc pris en compte « la valeur actuelle du carbone piégé par une baleine au cours de sa vie, la quantité de carbone que les baleines contribuent à piéger, le prix de marché du dioxyde de carbone et les techniques financières d'actualisation, […] plus les autres contributions économiques de la baleine, telles que l'amélioration des pêcheries et l'écotourisme[25] ». Leurs calculs ont abouti à décréter qu'une grande baleine

« vaut », en moyenne, 2 millions de dollars et que le stock tout entier vaut 1 000 milliards. Un véritable trésor et une aubaine pour tous les gourmands en énergie de la planète. La baleine, nouveau graal des industries énergivores ? On se croirait dans un jeu vidéo où les multinationales agissent comme des Pac-Man devenus fous : ils mangent une planète pour produire leurs marchandises, puis ils en mangent une autre pour compenser leur pollution. Jusqu'où va aller ce système sans tête qui nous est vendu sous le nom de « neutralité carbone » ?

14

Les « aires marines protégées », leurres du récit climatique ?

La fable climatique transforme d'un coup de calculette magique les coraux, les mangroves et les baleines en « actifs financiers ». Elle va même plus loin : elle propose de permettre à un pays de rembourser sa dette grâce à la monétisation d'une partie de sa zone maritime. Cela s'appelle un *debt-for-nature swap*, c'est-à-dire un « échange dette contre nature ».

Protéger une partie pour mieux condamner le reste

Avant d'en arriver là, examinons ce nouvel outil dont on parle tant aux niveaux national et international : les aires marines protégées (AMP), l'un des symboles de l'économie bleue et de son mouvement de protection des océans. Le principe est assez simple : il s'agit de délimiter des zones maritimes qui seront préservées des impacts liés aux activités humaines. La majorité des acteurs, ONG, politiques et organisations internationales, sont unanimes sur leur utilité. Emmanuel Macron l'a d'ailleurs rappelé lors du *One Planet Summit* qui s'est tenu à Paris en janvier 2021 : l'objectif est d'atteindre 30 % d'AMP dans les eaux françaises.

L'outil n'est pas nouveau, il est apparu en France en 2006, nous explique en 2020 Anne-Sophie Rascle, directrice adjointe de la Direction des parcs et aires protégées à l'Office français de la biodiversité (OFB) : « Le "Grenelle de la mer" de 2007 avait fixé l'objectif de 20 % d'AMP sur le territoire français en 2020 et nous en sommes aujourd'hui à 23 % (45 % en France métropolitaine et 22,75 % en outre-mer). Il en existe six catégories en fonction de leur niveau de protection qui va de la réserve naturelle "intégrale", où la nature est totalement préservée, à celles où les ressources naturelles sont "gérées", c'est-à-dire où les services écosystémiques sont exploités de manière durable[1]. »

Particulièrement recommandées dans des zones qui subissent des pressions, comme la surpêche, les AMP sont présentées comme étant l'un des seuls outils qui protègent réellement les océans : « Quand elles sont bien utilisées, les AMP représentent une bonne solution contre la surexploitation des ressources halieutiques, minérales ou génétiques », estime Joachim Claudet, à la plateforme Océan-Climat[2]. « Certes, les pêcheurs ont moins accès à la ressource à court terme. Mais à long terme, les poissons se reproduisent, le stock grossit et déborde des AMP. Cela bénéficie aux pêcheurs », promet Justine Delangue de l'UICN[3]. Quant à leur modèle de gouvernance, il est collaboratif : « Elles comprennent un conseil de gestion où siègent des représentants de l'État, des collectivités locales mais aussi des usagers professionnels ou de loisirs qui peuvent chacun exposer leur vision », détaille Anne-Sophie Rascle[4]. Bref, dans la narration de l'économie bleue, les AMP recueillent tous les suffrages. Elle est LA solution qui permet de préserver la faune et la flore marines. Les politiques, trouvant la formule attractive, s'en sont emparés pour matérialiser leur bonne foi.

Ses partisans pointent cependant certaines limites. « Il faut un portage politique fort, estime Flora Artzner, de l'UICN, qui a travaillé sur des nombreux sites. Sinon l'AMP reste un effet d'annonce. Beaucoup d'entre elles n'ont pas les moyens de gérer et de protéger efficacement leurs ressources. De plus, s'il n'y a aucune consultation, il n'y a pas d'appropriation de l'AMP par la population locale. » Même constat du côté de Joachim Claudet : « Beaucoup d'AMP ne produisent aucun bénéfice en termes de protection, car il n'y a pas de régulation. L'écrasante majorité d'entre elles souffrent d'un manque de moyens et n'ont de “protégées” que le nom. » C'est pourquoi, dans une belle unanimité, les ONG réclament la création d'AMP à protection « intégrale », où aucune activité humaine ne serait plus tolérée. Selon elles, cela permettrait de préserver des zones entières qui resteraient à l'abri de l'appétit des hommes. Certes, cela est tentant. Mais les AMP, replacées au sein du récit climatique, ne sont-elles pas des leurres ? Est-ce que protéger quelques parties, au lieu de protéger le tout, peut être une solution pérenne ? Leur création ne permet-elle pas de détourner l'attention des véritables problèmes ? Pire, d'en créer de nouveaux, comme la privatisation de certaines zones ?

Déjà, si on examine le principe, il est utile de rappeler que 80 % des pollutions marines viennent de la terre. À supposer qu'elles soient réellement efficaces, les AMP ne représentent une solution que pour 20 % du problème. De plus, dès le départ, elles sont porteuses d'une injonction contradictoire, constitutive de l'économie bleue : pendant que l'on s'occupe d'une partie des océans, ou plutôt de petits bouts d'océan, on délaisse le reste. On permet aux navires de croisière de sillonner les mers et d'accoster dans les petites îles du Pacifique, pourtant menacées par la montée des eaux ; on autorise l'exploration des fonds pour détecter les mines potentielles de nodules polymétalliques ; on laisse l'industrie pharmaceutique déposer des brevets sur des génomes marins ; on continue l'exploitation d'hydrocarbures offshore.

La région de Clarion-Clipperton, dans l'océan Pacifique, est tout à fait symbolique de cette démarche : d'un côté, elle comporte une AMP de 257 783 ha (2 578 km^2), créée par la France en 2016 pour protéger vingt-sept espèces menacées ; et, de l'autre, une zone de 4,5 millions de km^2 est dédiée à l'exploration de nodules polymétalliques dans un but d'exploitation. De plus, l'Autorité internationale des fonds marins (AIFM), qui a accordé seize permis d'exploration de nodules dans la zone de fracture de Clarion-Clipperton, a une double casquette : elle est chargée à la fois de gérer l'accès à la zone et de la protéger. Une position plutôt ambiguë qui, selon l'Ifremer, n'aboutit pas à un résultat satisfaisant : « Il existe actuellement plusieurs zones protégées, les APEI (*Area of Particular Environmental Interest*), autour de la zone de Clarion-Clipperton. Elles ont été mises en place par l'AIFM et interdisent toute activité d'exploration ou d'exploitation. Cependant, il n'y a encore rien au cœur de la fracture de Clarion-Clipperton, là où se trouvent les nodules les plus riches en minerais, là où se concentrent tous les permis et là où se situe la biodiversité la plus dense[5]. »

Car la biodiversité de la zone est particulièrement riche. Une étude internationale, réalisée dans le cadre d'une action pilote de la plateforme environnementale du Joint Programming Initiative Healthy (JPI), a montré que l'abondance de la faune et de la flore marines est dans cette région proportionnelle à la concentration de nodules : il y en a deux fois plus là où il y a des nodules. Et inversement, dans les endroits qui avaient été dragués quelques mois ou quelques années plus tôt, la faune avait été durablement affaiblie et n'avait pas recolonisé les lieux[6]. Pourquoi telle partie de l'océan est-elle dédiée à la conservation pendant que l'autre est vouée à la désolation ?

L'histoire se complique quand on revient à nos 80 % de pollution marine d'origine terrestre. Après qu'on aura ravagé les fonds pour extraire les précieux métaux, que deviendront les téléphones, panneaux solaires et autres batteries dont ils sont des composants essentiels ? Gageons qu'une grande partie d'entre eux finiront dans les océans, sous forme de déchets, après avoir transité en tant que marchandises, *via* des porte-conteneurs, d'un continent à un autre. Dans ce cas, les AMP font vraiment figure de paracétamol qui anesthésie la douleur sans faire disparaître la cause. Elles évitent de questionner notre modèle économique et la manière dont nous pourrions le modifier. Elles évitent qu'on se demande quel mode de vie adopter pour protéger la totalité de nos océans au lieu d'en sanctuariser de petites parties. À l'instar des crédits carbone, les AMP illustrent, concrètement et spatialement, comment on peut préserver les océans tout en les exploitant : en n'en sauvant qu'une partie tandis qu'on condamne le reste.

« Échange dette contre nature » aux Seychelles

Il n'y a pas que cela. Le fonctionnement concret des AMP, une fois créées et mises en place, pose également question. Elles peuvent aboutir à certaines dérives, notamment vis-à-vis des petits États du Sud. Après l'avènement de l'économie bleue en 1992, le concept des AMP a été fortement soutenu par les ONG et les institutions internationales, mais aussi par les *Small Island Developing States* (SIDS) qui voyaient là une occasion de protéger leurs richesses, tout en étant aidées par certains acteurs[7]. Les SIDS, parmi lesquelles les îles Chagos et les Seychelles dans l'océan Indien ou encore les Kiribati dans le Pacifique, font partie des endroits les plus vulnérables au monde face au changement climatique, notamment en raison des menaces de submersion (en 2014, Anote Tong, alors président des îles Kiribati, a carrément acheté 20 km^2 de terres dans un archipel des Fidji, à 2 000 km de ses îles, pour accueillir ses concitoyens en cas de cataclysme climatique[8]). Leurs économies fragiles reposent souvent sur le tourisme et la pêche. Dans ces conditions, protéger leurs rivages et leurs fonds marins est une question de survie.

C'est pourquoi leurs dirigeants sont particulièrement perméables aux bienfaits prêtés aux AMP et notamment aux *Large Marine Protected Areas* (LMPA) qui s'étendent sur des surfaces supérieures à 30 000 km^2 (équivalent terrien). Les grandes ONG américaines sont des partenaires de choix dans leur réflexion. Ainsi, après des années de négociations, Anote Tong a-t-il signé un partenariat avec Conservation International et New England Aquarium Corporation (un établissement centré sur la protection des océans) pour gérer une AMP couvrant 400 000 km^2, soit plus de 11 % de leur zone économique exclusive (ZEE). Selon l'article précité de *Marine Policy*, les ONG auraient petit à petit pris le pouvoir, tant au niveau de la gouvernance qu'à celui de la gestion, ce qui aurait abouti à l'exclusion pure et simple des pêcheurs, sans compensation financière, *via* la création d'une zone de protection intégrale. Les auteurs de cet article hésitent à qualifier « avec certitude » cette situation d'« accaparement » d'une partie de la ZEE des îles Kiribati. Néanmoins, elle peut alerter sur les dérives propres aux AMP cogérées par des ONG occidentales. Les habitants finissent par ne plus avoir la main sur un territoire où ils avaient coutume de travailler depuis des générations. Et les ONG, *de facto*, se retrouvent à la tête d'un patrimoine naturel à la richesse extraordinaire.

En matière de risque de privatisation, l'exemple des Seychelles, un archipel qui rassemble cent quinze petites îles dans l'océan Indien, est encore plus parlant. Dans ce cas, il s'agit de l'utilisation d'un outil financier bien particulier, le *debt-for-nature swap* (« échange dette contre nature »). Ici, la logique est poussée à son paroxysme : il s'agit d'utiliser les tortues, les dauphins et les coraux pour « rembourser » la dette d'un pays. Une fois de plus, nous retrouvons l'ONG américaine The Nature Conservancy derrière cette opération. Elle la porte comme le symbole de ce que devrait être l'économie bleue.

Tout a commencé en 2011. À cette date, James Michel, le président des Seychelles, est en fâcheuse posture : la dette de son pays atteint 150 % du PIB et il vient d'être intégré dans un programme de réformes économiques mises en place par le FMI. Difficile, dans ces conditions, de protéger la population des effets du réchauffement climatique. De son côté, The Nature Conservancy a mené une expérience de conversion de la dette au Belize. James Michel en aurait entendu parler et aurait sollicité l'ONG. Les deux parties auraient alors entamé les négociations autour d'un *debt-for-nature swap*. Cet outil financier, promet TNC, propose une formule « deux en un » : il permet d'allier désendettement et protection de l'environnement.

Comme pour l'assurance sur le corail ou pour le carbone bleu, l'outil paraît simple sur le papier, mais son application se révèle d'une grande complexité. Le principe : l'ONG a proposé aux Seychelles de racheter sa dette, et le pays, en échange, a promis de protéger 30 % de sa ZEE. Précisons que le rachat ne porte que sur une partie de la dette : 21,6 millions prêtés par le Club de Paris (qui regroupe des États investisseurs comme la France, l'Italie, la Belgique et le Royaume-Uni). C'est le fonds d'investissement de TNC, NatureVest, qui a avancé l'argent nécessaire au rachat : il a puisé 15,2 millions dans ses fonds propres et 5 millions lui ont été versés par diverses fondations (dont Oak et la Fondation Leonardo di Caprio).

L'ONG aurait également mené les négociations avec les créanciers. Celles-ci ont tourné à l'avantage des Seychelles : la dette initiale a été ramenée à 20,2 millions au lieu des

21,6 millions de départ. À l'issue de cette première étape, le gouvernement a donc une dette un peu plus légère et il est désormais débiteur de TNC et non plus du Club de Paris. De plus, il peut rembourser l'ONG dans des conditions présentées comme plus avantageuses : la durée du remboursement est plus longue, le taux d'intérêt plus bas et le gouvernement peut rembourser une partie de la dette en monnaie locale. Bref, l'opération a tout l'air d'être *win win*, comme on le dit dans le jargon de l'économie bleue.

En échange, les Seychelles sont censées financer la protection de leur environnement. Cela se fera grâce à une structure *ad hoc*, créée spécialement pour l'occasion, le Seychelles Conservation and Climate Adaptation Trust (SeyCCAT). Ce fonds a concentré tous les flux financiers : c'est par lui qu'ont transité les prêts en provenance de l'ONG et c'est lui qui reçoit les remboursements que les Seychelles versent à TNC. C'est lui également qui va concentrer l'argent destiné à la conservation grâce à deux fonds dédiés. Ceux-ci sont supposés être abondés par les remboursements et intérêts relatifs à la dette. Le premier, d'un montant de 5,6 millions de dollars, est destiné à financer les mesures dans les vingt ans à venir, soit la durée du remboursement ; le second, dont la valeur est estimée à 6,6 millions, est destiné à financer les mesures qui s'étaleront au-delà.

De loin, le schéma semble fonctionner. De près, on peut déjà se demander s'il est normal qu'une ONG prête de l'argent à un État et en devienne le créancier… De plus, l'essentiel de l'effort financier a été réalisé par le Club de Paris : c'est parce que des États (si souvent décriés par les ONG et les fondations libérales) ont accepté d'accuser des pertes de 1,4 million de dollars que l'opération a pu être menée à bien. Enfin, on ne comprend pas très bien ce que gagne vraiment l'État seychellois. Certes, dans un premier temps, il fait des économies de 1,4 million. Puis il gagne de l'argent grâce à des conditions de prêt déclarées comme étant plus avantageuses. Mais *in fine*, il doit rembourser TNC et, parallèlement, il doit abonder par ses remboursements deux fonds de conservation dont la valeur est estimée à 12,2 millions d'euros dans vingt ans. Enfin, et surtout, il perd le contrôle exclusif qu'il exerçait sur 30 % de sa ZEE. Interrogée sur les détails financiers de l'opération, Angélique Pouponneau, directrice du SeyCCAT, n'est guère allée plus loin et a insisté : « C'est une opération très bénéfique pour le gouvernement et le pays[9]. » Du côté de TNC, les avantages sont plus lisibles. Non seulement elle perçoit des intérêts de la part du gouvernement mais, en plus, elle cogère une AMP de 400 000 km^2, c'est-à-dire plus que la superficie d'un pays comme l'Allemagne.

Pour clore le tout, parallèlement au *debt-for-nature swap*, les Seychelles, qui se veulent une véritable vitrine de l'économie bleue, ont souhaité aller plus loin, comme me l'a précisé Angélique Pouponneau en mars 2021 : « Nous avons lancé une opération totalement inédite au niveau mondial, accompagnés par la Banque mondiale et le Commonwealth. Nous avons émis des obligations bleues qui ont été vendues à trois fonds d'investissement, Calvert Impact Capital, Nuveen et Prudential[10]. Cela va servir à financer la pêche durable contre un retour sur investissement compris entre 2 % et 3 %. Grâce à leur soutien, nous avons mis en place des programmes pour améliorer les pratiques des pêcheurs. »

Voilà pour le volet financier. Reste à voir comment se traduisent concrètement les mesures de conservation de l'AMP. À partir de 2014, un plan de spatialisation (*Marine Spatial Plan*) a été mis en place pour prévenir les conflits d'usage et préserver les ressources au sein de la ZEE. Helena Sims, gestionnaire de projets pour l'initiative de planification de l'espace marin, est en charge de ce long processus au nom de The Nature Conservancy. D'après elle, il s'agit d'une démarche très collaborative : « Tout est très transparent, explique-t-elle. Nous réunissons régulièrement les principaux usagers, que ce soit les civils, les entreprises ou les pêcheurs, pour entendre leur opinion et leurs besoins. Puis nous remontons l'information au comité exécutif qui prend les décisions. Dans ce processus, TNC n'est qu'un facilitateur[11]. »

En 2021, les débats étaient vifs autour de la définition des zones de la ZEE et de leurs usages. Il était prévu que la ZEE soit divisée en trois parties : une zone à haute protection qui couvre 15 % de la ZEE où aucune extraction de ressource n'est possible (même si des touristes peuvent y naviguer, voire faire du *snorkeling*, randonnée sous-marine) ; une zone à protection moyenne, sur 15 % de la ZEE, qui autorise les « usages soutenables », comme la pêche ou le tourisme, encadrés par des mesures plus strictes ; et enfin la troisième zone, étendue sur 70 % de la ZEE, qui ne présente pas de règles spécifiques mais qui tend vers l'économie bleue. Là, toutes les activités sont autorisées, comme le transport de marchandises ou l'exploration minière et pétrolière. « Si des gisements sont trouvés, affirme Helena Sims, ce sera au gouvernement de décider si l'exploitation est autorisée ou pas. C'est assez ouvert. »

Les résultats paraissent bien modestes : 70 % de la ZEE permettent le développement de toutes les activités économiques, comme le tourisme, les croisières et l'exploration d'hydrocarbures (et même leur exploitation sous certaines conditions). Seuls 30 % sont relativement protégés. Cette planification spatiale, qui conduit à tolérer la présence des uns et à exclure les autres, provoque des incompréhensions. Surtout de la part des pêcheurs artisanaux seychellois : « Pendant des années nous avons pêché dans la zone 1 qui va nous être fermée, regrette Keith André, directeur de Future Peche, une association de pêcheurs. Cela nous prive d'une bonne partie de nos revenus. Les touristes peuvent y naviguer pour aller d'île en île et profiter d'hôtels dits écologiques. Il y a un problème d'appropriation de l'espace par les touristes. Nous, on est exclus[12]. » Il se bat pour faire entendre sa voix et celle de sa profession, mais en vain : « Helena Sims nous reçoit et remonte nos points de vue, mais on constate que rien n'est fait, constate-t-il. Nous sommes entendus, mais nous ne sommes pas écoutés. » Le pêcheur a l'impression d'avoir été dépossédé d'une partie de son territoire, d'un bout de son océan : « Si on fait les calculs, on se rend compte que TNC a acheté un km^2 de notre ZEE pour 50 dollars », résume, amer, Keith André.

Un risque d'accaparement des océans

Alors, à qui profite l'opération ? Aux Seychelles qui ont renégocié leur dette et bénéficient à présent de mesures censées préserver une partie de leur ZEE ? À TNC, qui a mené un projet novateur et qui pense le dupliquer ? Aux dauphins, aux tortues et aux poissons seychellois ? À l'industrie du tourisme locale qui peut mettre en avant les atouts d'un environnement préservé ? À l'industrie pétrolière qui peut mener à bien ses projets d'exploration ? Dans tous les cas, ce sont les pêcheurs qui semblent être au centre des mesures de protection. La multiplication des projets en faveur d'une pêche durable (financée par les trois fonds d'investissement) conduit inévitablement à modifier leurs pratiques. Et ils sont exclus de certaines zones, ce qui affecte leur volume de pêche et donc leurs revenus.

Betty Queffelec, chercheuse en droit de l'environnement et droit de la mer à l'université de Brest, a étudié les *Marine Spatial Plans* comme celui qui a été conçu aux Seychelles :

« Son but est de prévenir les conflits d'usage, mais quelques fois, il aboutit à l'éviction pure et simple de certains usagers. Dans ce cas, on parle d'un phénomène d'accaparement des océans », explique-t-elle[13]. Elle a coordonné un article sur le sujet, qui décrit le problème ainsi : « La dépossession ou l'appropriation de l'utilisation, du contrôle ou de l'accès à l'espace ou aux ressources océaniques. [...] L'accaparement des océans se produit par des processus de gouvernance inappropriés et peut conduire à des actes qui mettent en péril la sécurité humaine ou les moyens de subsistance, [...] qui nuisent au bien-être socio-écologique[14]. » L'article pointe le problème spécifique de l'« accaparement vert », quand l'éviction de certaines zones est due à des mesures de protection. Les auteurs évoquent le cas du Brésil, où des pêcheurs artisanaux ont perdu accès à certaines plages à cause du tourisme ou à certaines zones maritimes au profit de l'aquaculture ou des énergies renouvelables. Le développement des AMP, souligne l'article, fait craindre une multiplication des situations de ce genre.

Nathalie Ros, professeure à l'université de Tours et vice-présidente et secrétaire générale de l'Association internationale du droit de la mer, parle quant à elle de « privatisation » de l'espace maritime. Concernant le cas des Seychelles, elle note dans un article consacré au *debt-for-nature swap* : « Une partie de la population mais aussi certains analystes considèrent que le gouvernement a bradé les écosystèmes seychellois très en dessous de leur valeur[15]. » Pour elle, le processus relève d'un « colonialisme bleu » qui pourrait concerner d'autres pays endettés, avec des ZEE « souvent stratégiquement situées sur de grandes routes maritimes, dans de riches zones de pêche ou au-dessus de gisements prometteurs, autant d'éléments qui conduisent inévitablement à relativiser les considérations environnementales au profit des enjeux économiques et/ou géopolitiques ». Dans ce cas, les AMP seraient plus utilisées comme des armes juridiques destinées à préempter ou à sécuriser certaines zones prometteuses.

Quels que soient le but, la localisation ou le modèle des AMP, le manque de moyens dont souffrent la majorité d'entre elles risque de conduire vers un mouvement de privatisation. C'est ce que laissait supposer en 2015 un rapport produit par WWF (soutenu par le PNUE) sur le financement des AMP en Méditerranée : « Pour survivre, les AMP doivent être gérées comme une entreprise devant faire face à des conditions économiques difficiles. Elles se doivent de rationaliser leurs coûts et diversifier leurs revenus sans perdre de vue leurs objectifs de conservation[16]. » Le rapport file ensuite la comparaison : « Il est possible de définir des clients et des produits : l'AMP fournit des biens et services ("produits") aux usagers ("clients"). » Tout au long des pages, on découvre que les services écosystémiques constituent les richesses à monnayer. Les baleines peuvent attirer les touristes ; les longues plages de sable blanc sont propices à l'installation de lodges ou d'hôtels de luxe, et les courants peuvent intéresser les énergéticiens. L'ONG préconise donc de les monétiser puis de les vendre sous forme de concessions, de tickets d'entrée ou de droits d'accès. Dès lors, la boucle est bouclée : la monétisation et la vente des prestations liées à l'AMP permettent un autofinancement qui la délivre des subventions publiques (notoirement insuffisantes). Et voilà comment les gestionnaires d'AMP peuvent « privatiser » les ressources naturelles pour financer leur protection. Voilà comment vendre la nature permet de la préserver.

Les pêcheurs font partie de l'équation. Dans ce même rapport, il est question de leur faire payer des « taxes et des licences » pour accéder à la ressource[17]. On le voit, dès que l'on creuse les solutions écologiques ou les plans de gestion des AMP proposés par l'économie bleue, la question de leur place surgit. Au Sénégal, les pêcheuses à pied se retrouvent en concurrence avec les crédits carbone des mangroves. Aux Seychelles, les pêcheurs artisans se retrouvent en concurrence avec l'industrie du tourisme et du pétrole. Au Brésil, ils sont écartés de certaines zones au profit des touristes ou de l'aquaculture. Conflits d'espace qui rappellent les pêcheurs bretons se heurtant au développement du nautisme de loisir ou à celui de champs d'éoliennes. Alors, quelle place accorder aux pêcheurs dans l'économie bleue ?

Bloom et Sea Shepherd prétendent avoir la solution. Elles préconisent de manger moins de poisson et d'orienter les pêcheurs au chalut vers l'aquaculture, la petite pêche ou la pêche à pied. Certaines ONG vont plus loin encore. Dans un document de 2020 intitulé *Turning the Tide on EU Seas with a Green Recovery*, Birdlife International (ONG internationale de protection de la nature et des oiseaux) explore, avec WWF, Surfrider ou encore ClientEarth (littéralement « Clients de la Terre »), les potentialités de l'économie bleue[18]. Elles suggèrent, parmi d'autres mesures – comme la lutte contre la pollution plastique ou celle liée aux hydrocarbures –, de dissoudre la pêche dans le tourisme en reconvertissant certains pêcheurs en guides touristiques.

C'est ainsi que le rapport cite le cas de pêcheurs qui ont transformé leur bateau en navette pour touristes et se sont consacrés à l'observation des baleines : « Le passage d'une utilisation extractive à une utilisation non extractive a le potentiel de promouvoir la conservation des espèces et de soutenir les économies locales », concluent les auteurs[19]. Ils préconisent à cette fin la mise en place d'aides spécifiques à la transition du secteur. Inspirées, elles suggèrent d'autres pistes : « Les pêcheurs peuvent également rejoindre des programmes qui les forment et les emploient comme gardes des zones marines protégées. Ils peuvent également être recyclés pour aider à la maintenance des parcs éoliens offshore ou à la collecte de données pour les programmes de recherche[20]. »

Voilà comment, d'un trait de plume, certaines ONG rayent les pêcheurs de la carte des océans. Tant pis si, en même temps qu'une partie des pêcheurs, les communautés locales perdent une culture, une vie sociale, une mémoire, une histoire, des lieux, des bâtiments et leur fierté. Tant pis si, à côté, on tolère des hordes d'« écotouristes », des files de yachts et des explorations offshore. Tant pis si, pour protéger les océans, on les pèse, les monétise, les privatise et les exploite. L'économie bleue mérite bien quelques sacrifices…

Conclusion

Et maintenant ?

Me voilà arrivée au terme de cette enquête. En cette paisible journée de juin 2021, le port de Saint-Guénolé paraît bien tranquille. Rien ne semble avoir changé. Les quelques bateaux restés à quai dodelinent doucement sous l'effet d'une légère houle. Au loin, se dressent la silhouette imperturbable du phare d'Eckmühl et celle, plus frêle, de la chapelle de la Joie. Pourtant, depuis le début de ce long travail, le pays bigouden a connu de profonds bouleversements dus à la crise sanitaire.

Le tourisme contre la pêche ?

Beaucoup de gens, ayant souffert du confinement, sont venus profiter des attraits du coin, provoquant ce qu'il faut bien appeler une « ruée » vers le littoral. Le marché immobilier a connu une flambée historique, faisant grimper les prix et provoquant une pénurie de logements sur toute la côte. Les gens d'ici observent le phénomène avec circonspection. Certains y voient une aubaine, l'occasion de développer le côté touristique et économique du pays. D'autres, dont je fais partie, sont plus dubitatifs et s'interrogent face à un bouleversement si soudain. Que va devenir ce qui fut notre « bout du monde » ?

Les terrains se couvrent, petit à petit, de maisons en construction. Des permis de construire sont même octroyés à des promoteurs sur un front de mer classé site naturel. Les résidences secondaires fleurissent et avec elles des volets bleus qui resteront clos tout l'hiver. Les jeunes couples regrettent de ne pas pouvoir acheter, car les prix ont subi une hausse inédite en quelques mois. Cela prive les écoles d'élèves, les commerces de clients à l'année et, surtout, la région de dynamisme et de créativité. À la place, les personnes qui viennent ne restent que quelques mois, voire quelques semaines, par an.

Cette spirale me rappelle les risques dénoncés par Jérémie Fosse, coordinateur en 2019 d'un rapport sur le tourisme littoral et côtier[1]. Il y était expliqué que tout miser sur le tourisme peut fragiliser une région, tant d'un point de vue économique qu'écologique : elle devient dépendante d'une seule activité qui, comme la crise sanitaire l'a montré, peut s'arrêter du jour au lendemain ; et cela abîme les paysages, les dunes, les plages, les zones humides, les rendant encore plus sensibles aux effets du changement climatique. Ceux-ci, une fois devenus prégnants, finissent par éloigner le tourisme, privant ainsi le territoire de sa principale activité. Les auteurs du rapport mettaient en garde contre ce cercle vicieux qui menace tant d'endroits dans le monde.

Que va-t-il se passer ici ? Est-ce que le phare et la chapelle de la Joie sont condamnés à devenir des reliques, témoins d'un autre temps ? L'économie du tourisme va-t-elle prendre le pas sur celle de la pêche ? Va-t-il y avoir un équilibre ? Les politiques, à l'échelle communale ou intercommunale, assurent qu'ils vont tout faire pour préserver la filière de la pêche et la mettre en valeur. Que les pêcheurs n'ont pas vocation à devenir une attraction locale et qu'ils veulent protéger l'endroit du tourisme de masse. Je ne demande qu'à les croire. En attendant, je ne peux m'empêcher de regarder ces immenses grues de construction qui percent le ciel, la multiplication des marqueurs orange qui délimitent les terrains destinés à la construction et les parkings saturés de voitures.

Il est aujourd'hui trop tôt pour savoir si notre pays parviendra à conserver son intégrité. Une chose est sûre : si la pêche décline ou disparaît, c'est notre identité, notre histoire, notre culture, notre patrimoine et notre fierté qui sombreront avec elle. Cela causera des ravages économiques d'abord. Ici, on dit qu'un emploi en mer, c'est quatre emplois à terre. Il y a les mareyeurs qui vendent les poissons ; les ateliers de construction et de réparation des bateaux ; les forges, les glacières, les vendeurs de matériel.

Cela mettra à mal notre histoire ensuite. Celle des usines de conserve où travaillaient des rangs de Bigoudènes ; celle des bistrots où était distribuée la paye ; celle des pentys en pierre sombre et au sol en terre battue ; celle de la grève où les femmes allaient pêcher du picot et du goëmon pendant que les hommes étaient partis en mer. Sans la pêche, le pays tout entier sera tourné vers l'industrie du tourisme et ses loisirs : le surf, la planche à voile, le nautisme, la plongée sous-marine, les balades à vélo, les pique-niques sur la plage. Comme une sorte de grand parc d'attractions, dont on rentre et sort pour se divertir. Ici comme au Brésil, au Sénégal, au Portugal ou aux Seychelles, les pêcheurs sont des éléments clés de notre communauté locale. S'ils tombent, une partie d'entre nous tomberont avec eux.

La « stratégie de flottille » des fondations néolibérales

Je me demande si les ONG Sea Shepherd et Bloom pensent à tout cela quand elles parlent de transformer le secteur de la pêche. Et surtout, pourquoi restent-elles persuadées que les pêcheurs sont les uniques responsables de la détérioration de la faune et de la flore marines ? Elles ont dirigé leur focale vers cette unique profession, faisant le choix de se concentrer sur une partie du problème sans en considérer le tout. Pourquoi ne braquent-elles pas également leurs projecteurs vers les agriculteurs et l'utilisation intensive – et parfois interdite – de produits phytosanitaires, comme à la pointe de La Torche, où la situation n'a pas changé ? Pourquoi ne dénoncent-elles pas l'exploration puis l'exploitation du pétrole près des aires marines protégées ? Ou l'urbanisme anarchique, la disparition des zones humides qui filtrent l'eau, la fragilisation du littoral ? Pourquoi ne s'intéressent-elles pas aux menaces qui pèsent sur le plancton, qui se situe à la base de la chaîne alimentaire ? Considèrent-elles que ces phénomènes n'ont aucun lien avec les menaces planant sur les dauphins et les bars ? Pensent-elles qu'ils ne sont pas responsables de la diminution des stocks de poissons et du ralentissement de leur reproduction ?

Depuis que j'ai commencé ce travail, de nouvelles études sont parues sur le sujet. D'abord, une synthèse de travaux de quarante scientifiques, qui met en garde contre la pollution des milieux marins, est parue dans la revue américaine *Annals of Global Health*. Présentée à Monaco en décembre 2020 à l'issue d'un congrès sur les océans, elle rappelle que 80 % de la pollution vient de terre[2]. Et elle insiste sur le rôle joué par les pesticides et les fertilisants utilisés dans l'agriculture intensive, qui multiplient les microalgues toxiques, ainsi que par les produits chimiques industriels ou pharmaceutiques[3].

Publié en avril 2021 sous le titre « Polluants aquatiques dans les océans et les pêcheries » pour le Réseau international pour l'élimination des polluants (qui rassemble six cents ONG et cent vingt pays), un autre article analyse les résultats de plus de deux cents études. La journaliste du *Monde* qui en rend compte écrit : « La surexploitation reprochée à la pêche ne constitue qu'une partie du problème de l'affaiblissement des ressources halieutiques[4]. » Elle cite Matt Landos (sciences vétérinaires, université de Sydney), l'un des auteurs de ce rapport (avec Marianne Lloyd-Smith et Joanna Immig, du National Toxics Network australien) : « En réalité, l'ensemble du réseau alimentaire aquatique a été sérieusement compromis, avec de moins en moins de poissons au sommet, des pertes d'invertébrés dans les sédiments et dans la colonne d'eau, moins d'algues marines, de coraux et d'autres habitats sains, ainsi qu'une prolifération de bactéries et des apparitions d'algues toxiques. » L'étude est formelle : « L'exposition aux polluants environnementaux a un impact négatif sur la fertilité, le comportement et la résilience, ainsi que sur le recrutement et la capacité de survie des espèces aquatiques[5]. » Puis, à propos des pesticides : « Les différentes catégories de pesticides ont des effets différents sur la vie aquatique, et d'autres facteurs de stress tels que l'augmentation de la température, les niveaux d'oxygène, le pH/acidification, les agents pathogènes et les niveaux de nutriments influencent tous les effets que l'exposition aux pesticides peut avoir sur un environnement aquatique. » Exactement les mêmes conclusions que celles de Geneviève Arzul et Françoise Quiniou, Pierre Mollo, Aurélie Barranger, Ronan Le Corre ou Laurent Chavaud (voir chapitre 6).

Malgré la conjonction de preuves et la publication de ces nouveaux éléments, le discours des ONG reste inflexible.

À Saint-Guénolé, l'été arrive et Virginie Lagarde, chargée de mission « environnement », au Comité départemental des pêches maritimes et des élevages marins du Finistère (CDPMEM 29), se prépare déjà au retour du *Clementine*, le zodiac du Sea Shepherd. Elle s'inquiète : « On a vraiment peur que cela recommence. Que les bateaux soient suivis et que cela donne lieu à des agressions verbales, voire physiques. On redoute que nos gars ne puissent pas travailler correctement et dignement. » Dans tous les esprits, cette même question : pourquoi cibler les pêcheurs du Guilvinec ? Certes, la flotte compte beaucoup de chalutiers, mais on est loin des méthodes de pêche industrielle, utilisées notamment par les Asiatiques. Est-ce que brandir la cause des dauphins dans le golfe de Gascogne ne serait pas un moyen pour attirer les dons ? Virginie Lagarde s'insurge contre ce qu'elle considère être une instrumentalisation du cétacé : « Et les lottes ? Si elles étaient en danger, on les laisserait mourir parce qu'elles ont une sale gueule ? »

Alors, quel est le rôle de Bloom et Sea Shepherd dans le vaste paysage des ONG ? La théorie évoquée au début de ce livre, défendue par Yan Giron, consultant spécialisé en pêche maritime professionnelle, et Alain Le Sann, président du collectif Pêche et Développement, propose des pistes. Dès 2012, les deux lanceurs d'alerte faisaient référence aux fondations philanthropiques et à leurs financements vers des ONG comme Bloom. Ils suggéraient que les fondations répondent à des motivations moins avouables que celle de la sauvegarde des océans : « Les nouveaux fronts pionniers de l'économie bleue vont nécessiter de vastes zones marines libérées de toute activité concurrente. Des découvertes récentes d'hydrocarbures dans des zones fréquentées par la pêche européenne (mer Celtique), mais aussi les développements futurs de l'éolien en mer vont nécessiter des zones au large de taille très importante. Il en va de même pour les futures zones de prospection sur les terres rares marines. Ces nouveaux pionniers sont peut-être gênés par les activités de pêche[6]. »

Ils allaient même plus loin : « Il est permis de penser que les fondations américaines qui interviennent aujourd'hui en soutien aux ONG ne sont pas totalement neutres au regard des intérêts pétroliers offshore, ni au regard de l'approvisionnement d'une industrie de la très haute technologie en terres rares. Cette présomption est liée à la composition des directoires de ces fondations. » En 2018, Alain Le Sann écrivait : « D'une manière générale, il s'agit de réduire la pêche ou de la supprimer sur le maximum de territoires mais l'exploitation des fonds marins n'est pas remise en cause, il s'agit seulement de la contrôler[7]. »

Cette hypothèse m'a intriguée. Elle m'a d'ailleurs donné envie de mener cette enquête pour tenter, à mon tour, de dénouer les fils. Sur certains aspects, comme l'influence des fondations sur les mesures de conservation ou les dangers de la monétisation de la nature, mes conclusions rejoignent comme on l'a vu celles des auteurs de *Blue Charity Business*. Sur la question de la place de Bloom et Sea Shepherd dans cette histoire, je me rapprocherais de l'analyse proposée par Edouard Morena qui a une approche systémique.

Le chercheur m'a expliqué que, à côté des grandes ONG libérales, les fondations financent aussi des entités qui projettent une image militante, dont le discours est parfois radical. « Ces ONG les aident à bousculer l'opinion publique, à créer un climat propice à faire avancer leurs propres idées. De loin, on a l'impression qu'une multitude d'acteurs indépendants, des ONG modérées aux plus radicales, portent de multiples discours. De près, on se rend compte qu'elles sont financées par les mêmes fondations et qu'elles servent une même vision. On appelle cela la "stratégie de flottille", comme un ensemble de navires qui vont tous dans la même direction. »

Cette description correspond au profil de Bloom et Sea Shepherd. Leurs têtes d'affiche ont un fort charisme, leurs propos sont radicaux, leur impact médiatique efficace et elles se font passer pour de petites structures militantes de terrain. Elles sont en partie financées par les mêmes fondations que les ONG The Nature Conservancy, WWF, Conservation International ou Environmental Defense Fund qui, elles, font figure de mastodontes et portent un discours écologique ultralibéral. Elles contribuent ainsi, fût-ce à leur corps défendant, à faire pression sur les décideurs politiques pour qu'ils accompagnent la transition écologique voulue par le monde des affaires. Et, en effet, orientent le regard sur les ravages de la pêche, ce qui évite de questionner le modèle dans son ensemble.

Le font-elles en toute conscience ? Difficile de le savoir. Chez Bloom, on m'a fait comprendre que l'ONG avait pris ses distances avec la Fondation PEW suite à la publication des travaux de Yan Giron et Alain Le Sann sur les liens entre cette dernière et le milieu du pétrole : « Nous leur avons demandé de clarifier leur situation », m'a précisé Frédéric Le Manach (alors que les rapports entre PEW et l'industrie du pétrole sont historiques). Sea Shepherd France, comme on l'a vu, récuse tout lien avec les fondations, malgré le fait que l'antenne américaine ait été financée par elles au moins jusqu'en 2016.

Quoi qu'il en soit, toutes deux gravitent dans cette galaxie de fondations et d'ONG qui propagent une vision libérale de l'écologie. Celle-ci transforme la protection de l'environnement et les lieux qu'elle est censée protéger – ici les océans – en de vastes marchés. Où l'on peut produire, vendre et acheter des solutions « écolos », comme des assurances sur le corail, des crédits carbone ou des solutions fondées sur la nature. Au bout du compte, les mers se retrouvent au centre d'une multitudes d'intérêts particuliers, avec d'un côté les marchands qui prétendent les protéger et de l'autre les marchands qui désirent les exploiter. Au milieu, les pêcheurs-artisans, moins organisés et moins visibles, finissent par se faire évincer de certaines zones.

Leur situation est symbolique des conséquences que peut avoir le modèle écologique qui s'est imposé dans les représentations dominantes. Plus que le rôle de Sea Shepherd ou de Bloom, qui font figure de satellites, c'est donc ce schéma qu'il faut interroger et déconstruire. Quelle est la place de l'intérêt général ? Quelle est celle des États et du débat démocratique ? Est-ce un modèle à propos duquel les citoyens ont été consultés et qu'ils ont choisi en toute conscience ? Le libre échange peut-il tenir lieu de politique au service du bien commun ? S'agit-il d'une proposition non contraignante efficace ou bien doit-elle être remise en cause pour réfléchir à une alternative ? Ne faudrait-il pas ouvrir un débat sur ce sujet ?

Le hold-up écologique de l'économie bleue « durable »

Au sein des ONG, il existe de forts désaccords à propos de cette écologie dominante. « Nous sommes contre les démarches de monétisation de la nature et de compensation, assure par exemple Manon Castagné, chargée de campagne agriculture aux Amis de la Terre. Malheureusement, les ONG qui y sont favorables ont plus de facilité à se faire entendre. Nous sommes plus nombreuses qu'elles, nous représentons plus de personnes, mais nous avons du mal à faire passer notre discours. Leur prédominance dans le débat écologique pose une vraie question démocratique[8]. » « Nous sommes vraiment sceptiques sur la question de la monétisation, ajoute Francis Chartier, chargé de campagne océan et pétrole à Greenpeace. Cela donne lieu à des aberrations, comme la compensation carbone, qui est une véritable catastrophe. C'est une logique libérale qui propose une régulation par les marchés[9]. » Il existe même des divergences de point de vue au sein des structures. À l'UICN, par exemple, où l'un des salariés questionne le processus de monétisation de la nature, pourtant adopté officiellement par son employeur : « Nous sommes tous dérangés par cela à l'UICN, m'a-t-il confié. Les économistes donnent la direction, c'est une interprétation gestionnaire de la protection de la nature qui ne remet pas en question les véritables causes. »

Ces différences d'opinions entre ONG se retrouvent au sujet de la préservation des océans : « L'économie bleue propose une vision économique plus qu'écologique, estime Francis Chartier à Greenpeace. La protection n'a qu'une portion congrue. Le but est d'exploiter les océans et de prendre tout ce qu'il y a à prendre. » Et à l'UICN, certains questionnent la pertinence de transformer les océans en puits de carbone, piste pourtant prônée par la structure : « Le captage de CO_2 dérègle les océans et entraîne une augmentation de l'acidification qui peut être dramatique. Il faut d'abord agir à la source et diminuer les pollutions d'origine anthropique. Pour cela, il faut introduire des réglementations, faire preuve de courage politique. »

Ce n'est pas vraiment ce qui se profile, si l'on en croit les déclarations du Premier ministre français Jean Castex lors de l'inauguration des nouveaux locaux de l'Ifremer en février 2021. Il a annoncé à cette occasion la création d'un fonds d'investissement dédié à l'innovation maritime, l'État étant persuadé que la solution aux problèmes environnementaux viendra des découvertes technologiques : « C'est grâce à la recherche que l'innovation est possible et c'est grâce à l'innovation que nous allons pouvoir mieux protéger l'environnement. Voilà le cercle vertueux que le chef de l'État a défendu encore lors du *One Planet Summit.* [...] Je vous apporte aujourd'hui la preuve d'un gouvernement plus déterminé que jamais à développer une économie bleue durable[10]. »

L'« économie bleue durable ». Voilà en effet la nouvelle appellation de l'économie bleue mise en avant par la Commission européenne, notamment dans un rapport publié en mai 2021[11]. Elle y promeut une toute nouvelle approche, qu'elle présente comme étant résolument tournée vers la préservation des océans. Pour la mettre en évidence, elle a accolé le terme « durable » à celui d'économie bleue, alors que le côté écologique est censé être tout entier contenu dans l'appellation – un peu comme si on accolait l'adjectif « durable » au développement durable, ce qui donnerait « développement durable durable ». Cette nouvelle approche entre en résonance avec le *Green Deal* européen et se revendique comme étant son pendant océanique. À première vue, la Commission semble avoir fait évoluer son regard et porter une volonté écologique plus forte. Elle évoque la nécessaire prise en compte de la pollution à terre et la nécessité de « réduire de moitié les déchets plastiques, l'infiltration de nutriments ainsi que l'utilisation des pesticides et risques connexes d'ici à 2030 », et insiste sur l'encadrement du tourisme côtier. Le ton général reste néanmoins très économique et met en avant la nécessité de miser sur les innovations pour un futur plus soutenable grâce au développement des énergies marines renouvelables, celui de l'aquaculture et de la production d'algues.

Côté préservation, elle assume enfin pleinement sa vision libérale en parlant des solutions fondées sur la nature, et la fabrication indispensable de crédits carbone bleus pour remplir les objectifs du *Green Deal* : « La préservation et la restauration des systèmes de végétation côtière tels que les marais littoraux, les mangroves et les prairies sous-marines, qui accumulent du "carbone bleu" dans le matériel végétal, les sols et les sédiments, sont susceptibles de contribuer significativement à la réalisation des objectifs de décarbonation fixés dans le pacte vert pour l'Europe ». Elle affirme par ailleurs travailler avec WWF pour attirer les capitaux privés : « La taxinomie [classification systémique des êtres vivants] de l'Union pour les investissements durables, qui est en cours d'élaboration, constituera un outil important pour définir les activités économiques maritimes durables ».

Rendez-nous l'écologie

Une lueur d'espoir cependant. Malgré un soutien sans faille des États et institutions internationales aux mécanismes de marché, les mentalités changent et, petit à petit, la belle fable climatique tricotée par le monde des affaires se fissure. C'est du côté de la compensation carbone que la narration prend l'eau. Tous les acteurs climatiques qui connaissent le sujet, que ce soit parmi les ONG, les cabinets qui conseillent les entreprises pour diminuer leur bilan carbone, les communicants, les chercheurs ou les vendeurs de carbone bleu, s'élèvent contre ce qu'ils considèrent être une absurdité. Manon Castagné, aux Amis de la Terre, l'assure : « Une fronde contre la compensation carbone s'est levée dans le cadre du *Green Deal*. Nous sommes de nombreuses ONG à rejeter ce principe et à considérer que c'est un enjeu majeur. Malheureusement nous avons peu de temps, nous ne sommes pas suffisamment organisés et c'est un thème sur lequel il est difficile de faire campagne[12]. » Francis Chartier, à Greenpeace, renchérit : « Il faut trouver une solution plus systémique pour lutter contre le modèle néolibéral. On nous propose des solutions issues des mêmes outils que les problèmes qu'elles sont censées résoudre. Nous préconisons une régulation publique claire, décidée démocratiquement et au niveau local[13]. »

Plus étonnant, les conseillers qui accompagnent les entreprises pour faire diminuer leur bilan carbone tiennent un discours similaire : « Qui peut croire à ce concept de neutralité carbone ? Tous les experts savent bien que ce n'est pas viable, prévient Mathieu Cribellier à CO2logic, basée à Bruxelles. Les gens ne sont pas dupes à ce point. Il s'agit d'une communication très maladroite, on commence déjà à voir du *bashing* sur les réseaux[14]. » Pour lui, la véritable solution est d'éviter ou de diminuer les émissions émises à la source : « Même l'Ademe s'est positionnée contre la neutralité carbone. Déjà, il y a une limite physique à la compensation. En plus, certains projets qui étaient éligibles à la compensation volontaire, comme les programmes éoliens, ne le sont plus car la technique est devenue courante et qu'elle n'apporte pas une diminution de CO_2 additionnel. La neutralité carbone est un concept marketing. Les pétroliers et les compagnies aériennes doivent se rendre compte que l'argument est contre-productif. »

L'Ademe, en effet, s'est prononcée contre les dérives liées à la neutralité carbone dans un avis publié en avril 2021[15]. Elle met en garde contre les effets d'annonce brandis par certaines grandes entreprises : la neutralité carbone ne peut pas s'appliquer « à une autre échelle que la planète. [...] Le potentiel de séquestration de nos forêts, de nos sols, etc., que ce soit à l'échelle de la France ou à l'échelle mondiale, n'est pas suffisant pour équilibrer le niveau actuel tendanciel de nos émissions ». On en revient toujours au même constat : la nécessité d'éviter les émissions à la source grâce à une bonne vieille réglementation contraignante... dont les entreprises ne veulent pas. Même les salariés de l'UICN – qui prône le recours aux crédits carbone – ou encore la directrice exécutive d'Oceanium – qui les « produit » – le disent : la neutralité carbone ne doit pas remplacer les efforts que les industries ont à fournir pour limiter leurs émissions.

Pourquoi, malgré tout, ce discours passe et repasse ? Pourquoi les accords internationaux, les États et l'Europe prônent-ils la neutralité carbone ? Pourquoi les entreprises, les grandes villes, les aéroports ou les enseignes de l'e-commerce ne cessent de vanter leurs objectifs *net zero* ? Pourquoi cette expression nous paraît innocente, voire bénéfique pour l'environnement ? Pourquoi choisit-on de croire que c'est une solution ? Sans doute parce qu'elle nous a été présentée comme telle. Sans doute parce qu'elle est réellement une solution… pour l'industrie. C'est un bel exemple de la manière dont l'influence du monde des affaires, *via* ses armes de persuasion massive, a kidnappé l'écologie. Nous privant par là d'un véritable débat démocratique et d'une véritable réflexion autour de ce que signifie « protéger la nature ».

Alors ? Faut-il se résigner ou se révolter ? Faut-il continuer à faire confiance à la narration officielle ou la bousculer ? J'ai eu cette discussion avec Fabrice Flipo, professeur de philosophie, d'épistémologie et de science et technique au Laboratoire du changement social et politique de l'université Paris-Diderot. Il pense qu'il est contre-productif de s'opposer totalement à un modèle et il m'a mise en garde : « Attention aux métapositions qui faussent l'analyse et au cadre théorique qui surdétermine la réalité. Il faut décaler le regard. On peut considérer que WWF a une action plus positive que négative sur le climat. Elle porte la parole de l'écologie au sein des entreprises. Il faut bien le faire[16]. » Nous avons échangé par mails et j'ai longtemps pensé à ses propos.

Puis, après réflexion, je me suis dit que nous, les humains, nous n'avions plus le temps. Plus le temps de tergiverser, de peser le pour et le contre. De considérer les arguments avancés par le monde des affaires et de comprendre les États qui pensent à la croissance économique et aux emplois. Nous ne pouvons plus nous caler sur l'horloge des multinationales. Nous ne pouvons plus les laisser être les « maîtres du temps ». Nous devons prendre la parole. Nous devons nous opposer. Nous devons dire STOP, rendez-nous notre écologie. Laissez-nous penser, modeler, argumenter, nourrir le débat climatique et remettre en question les marchés. Laissez-nous tenter notre chance de sauver la planète. Vous avez eu votre temps. Laissez-nous prendre la suite.

Pour moi, prendre la suite, c'était écrire ce livre. C'est partager ce que j'ai compris de la narration climatique. De la manière dont le monde des affaires a imposé ses idées et sa temporalité. C'est déconstruire le discours et montrer ses dérives. C'est alerter l'opinion publique sur les dangers de laisser l'écologie aux mains des marchands. C'est prendre mon territoire en exemple et montrer comment il est aujourd'hui impacté par cette fable océanique.

C'est lutter pour que mes filles aient la chance, comme moi, de grandir sur une planète où la vie continue grâce aux océans.

Notes

Introduction

1 Voir Pénélope BAGIEU, « Prends cinq minutes, et signe, copain », <www. penelope-jolicoeur.com>, 18 novembre 2013, <s.42l.fr/B26qVD_n>.

2 Catherine LE GALL, « Les travailleurs de l'amer », *La Revue dessinée*, été 2019.

3 Voir la vidéo de sa conférence : Yan GIRON, « Allons-nous vers une privatisation des océans ? », Comité Valmy, <s.42l.fr/k6cg-2bIw>, 25 décembre 2014.

4 Yan GIRON (avec Alain LE SANN et Philippe FAVRELIÈRE), *Blue Charity Business. Réforme de la politique européenne commune des pêches, premier panorama 2000-2011*, Pêche & Développement, 2012, <s.42l.fr/-epM5Y54>.

5 Mathilde JOUNOT, *Océans. La voix des invisibles*, *Tébéo*, mars 2016, <s.42l.fr/cgihyQge>.

6 Agnès SINAÏ, « Premier round de négociations décisives sur la protection de la haute mer », *Actu-environnement*, 3 septembre 2018.

7 Glen WRIGHT, Julien ROCHETTE, Kristina GJERDE, Isabel SEEGER, « The long and winding road : negotiating a treaty for the conservation and sustainable use of marine biodiversity in areas beyond national jurisdiction », IDDRI, 18 août 2018.

1. À bord du Cyrus, des pêcheurs en première ligne

1 Alexandra BOGAERT, « Claire Nouvian, une lueur dans les abysses », *Terra Eco*, 26 septembre 2013, <s.42l.fr/OGI-FEak>.

2 BLOOM, « Bloom association, dix ans d'action, dix ans d'impact », <s.42l.fr/TlhoZX4K>.

3 Pénélope BAGIEU, « Prends cinq minutes, et signe, copain », *loc. cit.*

4 IFREMER, « Pêche et obligation de débarquement : quels impacts sur la ressource ? », 31 octobre 2018, <s.42l.fr/5T8SH5iJ>.

5 Cécile DECOURTIEUX, « Accord politique pour interdire la pêche électrique dans l'Union européenne », *Le Monde*, 14 février 2019.

2. Les « bergers de la mer »

1 « Le CDPMEM 29 », <s.42l.fr/SXrTtkq6>.

2 L'Observatoire PELAGIS est une unité mixte du CNRS et de La Rochelle Université, créée en 2011 en partenariat avec le ministère en charge de l'Écologie ; voir son site <observatoire-pelagis.cnrs.fr>.

3 Entretien avec l'auteure, 4 septembre 2020.

4 « Échouages massifs de dauphins : une plainte à l'échelle européenne », France Nature Environnement, 10 juillet 2019, <s.42l.fr/rz6dXmAq>.

5 « Prises accidentelles de dauphins, des scientifiques recommandent de nouvelles mesures », *Geo*, 27 mai 2020.

6 Laurent MARCHAND, « Captures accidentelles de dauphins : la France, l'Espagne et la Suède épinglés », *Ouest-France*, 9 avril 2021.

7 « Protection des dauphins sur la côte atlantique : l'État condamné au tribunal », Tribunal administratif de Paris, 2 juillet 2020.

8 MINISTÈRE DE LA MER, « La France s'engage pour réduire les captures accidentelles de cétacés », 4 décembre 2020, <s.42l.fr/bB9assuo>.

9 Entretien avec l'auteure, 4 septembre 2021.

10 Rachida BOUGHRIET, « Captures accidentelles de dauphins, le Conseil d'État rejette la requête de Sea Shepherd », *Actu-Environnement*, 29 mars 2021.

11 IFREMER, « Bilan 2020 de l'état des populations de poissons pêchés en France », février 2021.

12 Catherine LE GALL, « Les travailleurs de l'amer », *loc. cit.*

13 FAO, *The State of World Fisheries and Aquaculture*, 2020, p. 54.

14 *Ibid.*, p. 7.

15 *Ibid.*, p. 10.

16 « Directive 2014/89/UE du Parlement européen et du Conseil du 23 juillet 2014 établissant un cadre pour la planification de l'espace maritime », *Journal officiel de l'Union européenne*, <s.42l.fr/tvfos4Eo>.

17 MINISTÈRE DE LA TRANSITION ÉCOLOGIQUE ET SOLIDAIRE, *Stratégie de façade maritime. Document stratégique de façade Nord Atlantique/Manche Ouest*, Direction interrégionale de la mer Nord Atlantique-Manche Ouest, Nantes, 17 octobre 2019, p. 5, <s.42l.fr/DSSv2UVP>.

18 *Ibid.*, p. 24.

3. L'économie bleue, « solution miracle » pour sauver les océans ?

1 Brice DUPONT, « Parc éolien en baie de Saint-Brieuc. Les pêcheurs demandent à Emmanuel Macron d'annuler le projet », *Ouest-France*, 19 février 2021, <s.42l.fr/WqVLo7qt>.

2 BOSTON CONSULTING GROUP, *Premier Baromètre de la maritimisation de l'économie. L'économie bleue, moteur de la croissance verte*, Fondation de la mer, février 2017, <s.42l.fr/K8ztBz_7>.

3 Jean-Baptiste JOUFFRAY *et al.*, « The blue acceleration. The trajectory

of human expansion into the ocean », *One Hearth*, vol. 2, n° 1, 24 janvier 2020, p. 43-54.

4 Entretien avec l'auteure, 28 janvier 2020.

5 FAO, « La gestion des pêches, un système rodé à appliquer plus largement », 8 juin 2020.

6 Jean-Baptiste JOUFFRAY *et al.*, « The blue acceleration », *loc. cit.*, p. 45.

7 *Ibid.*, p. 46.

8 GROUPE D'EXPERTS INTERGOUVERNEMENTAL SUR L'ÉVOLUTION DU CLIMAT, *L'Océan et la cryosphère dans le contexte du changement climatique*, Genève, 2019, p. 43, <s.421.fr/Qw7aP1Zb>.

9 *Ibid.*, p. 42.

10 IPBES, *Rapport de la plénière de la Plateforme intergouvernementale scientifique et politique sur la biodiversité et les services écosystémiques sur les travaux de sa septième session. Plateforme intergouvernementale scientifique et politique sur la biodiversité et les services écosystémiques*, 29 mai 2019, p. 16.

11 Entretien avec l'auteure, 25 février 2020.

12 GIEC, *L'Océan et la cryosphère dans le contexte du changement climatique*, *op. cit.*, p. 14.

13 Voir Bertrand MÉHEUST, *La Politique de l'oxymore. Comment ceux qui nous gouvernent nous masquent la réalité du monde*, La Découverte, Paris, 2009.

14 Anne Maria EIKESET *et al.*, « What is blue growth ? The semantics of "Sustainable Development" of marine environments », *Marine Policy*, 2018.

15 Citée par Zoe W. BRENT, Mads BARBESGAARD et Carsten PEDERSEN, *La Formule bleue. Démasquer les dynamiques politiques derrière la croissance bleue*, Transnational Institute, octobre 2018, p. 5, <s.421.fr/L_HWh2IE>.

16 Entretien avec l'auteure, juin 2020.

17 *The EU Blue Economy Report*, 2019, p. 10.

18 *Ibid.*, p. 7 et 8.

19 Entretien avec l'auteure, 13 novembre 2020.

20 WORLD BANK, *The Potential of the Blue Economy. Increasing Long-term Benefits of the Sustainable Use of Marine Resources for Small Island Developing States and Coastal Least Developed Countries*, Washington, juin 2017, p. 6.

21 THE ECONOMIST INTELLIGENCE UNIT, *The Blue Economy. Growth, Opportunity and a Sustainable Ocean Economy*, Londres, 2015, p. 8.

22 *Ibid.*, p. 15.

23 *Ibid.*, p. 17.

4. Les faces cachées de l'économie bleue

1 IPBES, *Rapport de la plénière de la Plateforme intergouvernementale scientifique et politique sur la biodiversité et les services écosystémiques...*, *op. cit.*, p. 21.

2 Entretien avec l'auteure, 29 novembre 2019.

3 Jérémie FOSSE *et al.*, *Sustainable Blue Tourism. Towards a Sustainable Maritime and Coastal Tourism in World Marine Regions*, Eco-Union, Exeter, 2019, <s.421.fr/pP5BVXK_>, p. 18.

4 *The EU Blue Economy Report*, *op. cit.*, p. 29.

5 Jérémie FOSSE *et al.*, *Sustainable Blue Tourism*, *op. cit.*, p. 68.

6 *Ibid.*, p. 84.

7 *Ibid.*, p. 89.

8 *Ibid.*, p. 96.
9 Entretien avec l'auteure, février 2020.
10 François BERSANI, « Les mines terrestres, les ressources minérales des fonds marins… et notre soif de matières premières », *Annales des Mines. Responsabilité et environnement*, vol. 85, n° 1, janvier 2017, p. 7.
11 Marie NAVARRE, Héloise LAMMENS, « Opportunités de l'extraction minière en eaux profondes et ses enjeux ESG », *SRI*, juin 2017.
12 INTERNATIONAL SEABED AUTHORITY, *Rapport annuel du secrétaire général. Parvenir à une utilisation durable des ressources minérales des grands fonds marins pour le bénéfice de l'humanité*, 2020, p. 50.
13 Ann VANREUSEL *et al.*, « Threatened by mining, polymetallic nodules are required to preserve abyssal epifauna », *Nature*, juin 2016.
14 Entretien avec l'auteure, 1er juillet 2020.
15 Entretien avec l'auteure, 24 juin 2020.
16 FRANCE NATURE ENVIRONNEMENT, « L'insoutenable pollution de l'air du transport maritime », <s.42l.fr/eVq0ZfWE>.
17 Entretien avec l'auteure, 11 septembre 2020.

5. Le message des « sentinelles » de la pollution

1 Entretien avec l'auteure, février 2020.
2 Entretien avec l'auteure, juin 2020.
3 Laurent CHAVAUD, *La Coquille Saint-Jacques, sentinelle de l'océan*, Éditions des Équateurs, Paris, 2019.
4 *Ibid.*, p. 90.
5 *Ibid.*, p. 22.
6 *Ibid.*, p. 90.
7 Flora CHAUVAU, « Ça sent mauvais pour les surfeurs », *Ouest-France*, 26 mars 2018.
8 Sven NIEL, « Mes abeilles sont en train de crever », 18 avril 2018, <s.42l.fr/3xBQjInq>.
9 Sven NIEL, *Sauvons les abeilles ! Les 10 actions pour (ré)agir*, Rustica éditions, Paris, 2019.

6. Le plancton, victime oubliée des pesticides

1 Entretien avec l'auteure, 24 juin 2020.
2 Entretien avec l'auteure, décembre 2019.
3 Entretien avec l'auteure, janvier 2020.
4 Françoise QUINIOU et Geneviève ARZUL (dir.), *Plancton marin et pesticides : quels liens ?*, Quae, Versailles, 2014, p. 83.
5 *Ibid.*, p. 85.
6 *Ibid.*, p. 86.
7 Entretien avec l'auteure, janvier 2020.
8 Voir Wilfried SANCHEZ, « Quels sont les effets des pesticides sur le milieu marin ? », Ifremer, 2 novembre 2020, <s.42l.fr/t7oBMvrC>.
9 Audrey BARRANGER, *Étude chez l'huître creuse,* Crassostrea gigas, *des anomalies génomiques provoquées par l'exposition à des concentrations environnementales de diuron : caractérisation des atteintes, étude de leur héritabilité et conséquences pour la survie et la croissance des naissains,* thèse de doctorat en physiologie de l'université de Nantes, 2015, p. 27.
10 *Ibid.*, p. 32.
11 *Ibid.*, p. 175.

12 Laurent CHAVAUD, *La Coquille Saint-Jacques, sentinelle de l'océan*, *op. cit.*, p. 124.

7. Les tulipes et les pesticides à la pointe de La Torche

1 Entretien avec l'auteure, 8 décembre 2020.
2 Entretien avec l'auteure, 6 décembre 2019.
3 Entretien avec l'auteure, 18 juin 2020.
4 Fabrice NICOLINO, « Même les surfeurs bouffent du pesticide », *Charlie-Hebdo*, 4 avril 2018.
5 « Bulbiculture à La Torche, beau et destructeur », *Eau & Rivières*, n° 138, hiver 2007.
6 *Bretagne vivante*, n° 11, p. 21.
7 « Bulbiculture à la Torche, beau et destructeur », *loc. cit.*
8 Entretien avec l'auteure, 9 décembre 2020.
9 « Pesticides. Des bulbiculteurs de La Torche condamnés », *Télégramme*, 13 décembre 2012.
10 Communiqué de presse de la préfecture, 6 juin 2019.
11 Entretien avec l'auteure, 8 avril 2021.
12 Entretien avec l'auteure, 21 avril 2021.
13 *Ibid.*
14 Entretien avec l'auteure, 4 mai 2021.
15 Entretien avec l'auteure, 3 mai 2021.
16 *Ibid.*
17 Daté du 14 avril 2021.
18 Entretien avec l'auteure, 18 avril 2021.
19 Entretien avec l'auteure, 16 avril 2021.
20 Mail de l'entreprise Kaandorp à l'auteure, 19 avril 2021.

8. Les armes de persuasion massive des multinationales

1 Rachel CARSON, *Printemps silencieux* [1962], Wildproject, Marseille, 2009.
2 Dennis MEADOWS, Donella MEADOWS et Jorgen RANDERS, *Les Limites à la croissance* [1972], Rue de l'Échiquier, Paris, 2017.
3 Cité par Grégoire CHAMAYOU, *La Société ingouvernable. Une généalogie du libéralisme autoritaire*, La Fabrique, Paris, 2018, p. 82.
4 Sandrine FEYDEL et Christophe BONNEUIL, *Prédation. Nature, le nouvel eldorado de la finance*, La Découverte, Paris, 2015, p. 27.
5 Cité par Grégoire CHAMAYOU, *La Société ingouvernable*, *op. cit.*, p. 89.
6 *Ibid.*, p. 91.
7 *Ibid.*
8 Anne PELOUAS, « Maurice Strong, diplomate et défenseur de l'environnement, est mort à 86 ans », *Le Monde*, 2 décembre 2015.
9 Fabrice NICOLINO, *Un empoisonnement universel. Comment les produits chimiques ont envahi la planète*, Les Liens qui libèrent, Paris, 2014.
10 Voir le site de Stephan Schmidheiny, <www.stephanschmidheiny.com/fr>.
11 Stephan SCHMIDHEINY et BCSD, *Changing Course. A Global Business, Perspective on Development and the Environment*, MIT Press, Cambridge, 1992 (trad. fr. : *Changer de cap. Réconcilier le développement de l'entreprise et la protection de l'environnement*, Dunod, Paris, 1992).

12 Sylvie Ollitrault, « Les ONG et l'alerte écologique », <laviedesidees.fr>, 2009.

13 Voir le site du WBCSD, <www.wbcsd.org/Overview/Our-members>.

14 Nils Moussu, *Entre corporatisme et universalisme : les associations de firmes transnationales face au changement climatique*, Faculté des sciences sociales et politiques de l'université de Lausanne, 2017, p. 180 et 185.

15 Stephan Schmidheiny et BCSD, *Changing Course*, *op. cit.*

16 *Ibid.*, p. 2.

17 *Ibid.*, p. 4.

18 *Ibid.*, p. 20.

19 *Ibid.*, p. 83.

20 *Ibid.*, p. 86.

21 Nils Moussu, *Entre corporatisme et universalisme*, *op. cit.*, p. 228.

22 Stephan Schmidheiny et BCSD, *Changing Course*, *op. cit.*, p. 17.

9. Une belle fable climatique

1 Nils Moussu, *Entre corporatisme et universalisme*, *op. cit.*, p. 238.

2 *Shell Energy Transition Strategy*, avril 2021, p. 7, <s.421.fr/ft7-XDoN>.

3 Nils Moussu, *Entre corporatisme et universalisme*, *op. cit.*, p. 254.

4 *Shell Energy Transition Strategy*, *op. cit.*, p. 10.

5 *Ibid.*, p. 16.

6 Nils Moussu, *Entre corporatisme et universalisme*, *op. cit.*, p. 278.

7 *Ibid.*, p. 279.

8 *Shell Energy Transition Strategy*, *op. cit.*, p. 7.

9 Entretien avec l'auteure, 31 janvier 2020.

10 Anaïs Dubosc et Christian de Perthuis, « Les marchés du carbone expliqués », Bureau du Pacte mondial de l'ONU, 2009.

11 Nils Moussu, *Entre corporatisme et universalisme*, *op. cit.*, p. 188.

12 Entretien avec l'auteure, 6 mai 2021.

13 *Global Business Day Bulletin*, The International Institute for Sustainable Development (IISD), n° 5, 5 décembre 2012.

14 *Global Business Day Bulletin*, IISD, n° 3, 8 décembre 2010.

15 Conférences des parties à la convention sur les changements climatiques menées sous l'égide de l'ONU, Mexico, 26 novembre-10 décembre 2010.

16 *Global Business Day Bulletin*, IISD, n° 3, *op. cit.*

17 Réseau local du Global Compact des Nations unies.

18 Corporate Europe Observatory, *Le Livre de cuisine des multinationales. Comment les criminels du climat ont capturé la COP21*, novembre 2015, <s.421.fr/02vfl9Gg>.

19 *Ibid.*, p. 7.

20 Veolia, « COP21 : Veolia participe à la conférence "Business et climat : une révolution positive pour l'entreprise ?" organisée par Positive Economy Forum et KPMG », 1er décembre 2015, <s.421.fr/_M-SDLNh>.

21 Nations unies, *Accord de Paris*, 2015, <s.421.fr/9_5R6EcQ>.

22 Commission européenne, *Communication de la Commission au Parlement européen, au Conseil européen, au Comité économique et social européen et au Comité des régions. Le pacte vert pour l'Europe*, 11 décembre 2019, p. 7.

23 Entretien avec l'auteure, 21 janvier 2021.

24 Entretien avec l'auteure, 23 mars 2021.

25 Entretien avec l'auteure, 21 janvier 2021.
26 Fabrice NICOLINO, « Cette funeste conférence climatique ne changera rien », *Le Monde*, 2 décembre 2015.
27 « Eternit Suisse : Shmidheiny à nouveau condamné », *24 heures*, 23 mai 2019, <s.42l.fr/ema07bXa>.
28 « Procès de l'amiante en Italie : verdict historique, deux condamnations à seize ans de prison », *Le Point*, 13 février 2012.
29 Dominique DUNGLAS, « Amiante : la spectaculaire métamorphose de Stephan Schmidheiny », *Le Point*, 13 février 2012.
30 Anne PELOUAS, « Maurice Strong, diplomate et défenseur de l'environnement est mort à 86 ans », *loc. cit.*
31 Élisabeth SCHNEITER, « Le géant pétrolier Chevron qui a saccagé l'Amazonie échappe à la justice », *Reporterre*, 18 avril 2019.
32 Frédéric OJARDIAS, « Corée du Sud : Monsanto et Dow Chemical condamnés dans le procès de l'agent orange », RFI, 13 juillet 2013.

10. La « révolution » des philanthropes

1 **Notes du chapitre 10**
Edouard MORENA, *Le Coût de l'action climatique. Fondations philanthropiques et débat international sur le climat*, Éditions du Croquant, Vulaines-sur-Seine, 2017.
2 Ludovic TOURNÈS, *La Fondation Rockefeller et la naissance de l'universalisme philanthropique américain*, Presses de Sciences Po, Paris, 2007.
3 *Ibid.*, p. 8.
4 *Ibid.*, p. 14.
5 *Ibid.*, p. 3.
6 *Ibid.*, p. 5.
7 *Ibid.*, p. 23.
8 Entretien avec l'auteure le 25 mai 2020.
9 Edouard MORENA, *Le Coût de l'action climatique*, *op. cit.*, p. 57.
10 Entretien avec l'auteure, 13 décembre 2019.
11 Voir GROUPE DE TRAVAIL TIERS MONDE DE BERNE, *Nestlé contre les bébés ?*, Maspero/PUG, Paris/Grenoble, 1978.
12 Grégoire CHAMAYOU, *La Société ingouvernable*, *op. cit.*, p. 125.
13 Edouard MORENA, *Le Coût de l'action climatique*, *op. cit.*, p. 65.
14 *Ibid.*, p. 65.
15 *Ibid.*, p. 60.
16 Entretien avec l'auteure, 29 avril 2021.
17 Edouard MORENA, *Le Coût de l'action climatique*, *op. cit.*, p. 82.
18 *Design to Win. Philanthropy's Role in the Fight Against Global Warming*, California Environmental Associates, San Francisco, 2007.
19 Cité par Edouard MORENA, *Le Coût de l'action climatique*, *op. cit.*, p. 89.
20 *Ibid.*, p. 96.
21 *Ibid.*, p. 181.
22 *Ibid.*, p. 189.
23 Ibid., p. 187.
24 Kevin ANDERSON, « Talks in the city of light generate more heat », *Nature*, 24-31 décembre 2015.
25 *Ibid.*
26 Edouard MORENA, *Le Coût de l'action climatique*, *op. cit.*, p. 104.
27 Entretien avec l'auteure, 29 avril 2021.
28 Anand GIRIDHARADAS, *Winners Take All. The Elite Charade of Changing the*

World, Alfred A. Knopf, New York, 2018.

29 Aditya CHAKRABORTTY, « *Winners Take All* by Anand Giridharadas review. Superb hate-reading », *The Guardian*, 14 février 2019.

30 Carl RHODES et Peter BLOOM, « The trouble with charitable billionaires », *The Guardian*, 24 mai 2018.

11. « Dis-moi qui te paye… »

1 <oursharedseas.com>.

2 MONTEREY BAY AQUARIUM, « Our history », <montereybayaquarium.org>.

3 WOODS HOLE OCEANOGRAPHIC INSTITUTION, « History & Legacy. Over 90 years of ocean research, education, and exploration », <s.421.fr/-6ko_03i>.

4 « Mark Tercek, former CEO of The Nature Conservancy, opens up about what it's like to lead », *Tanya Privé*, <s.421.fr/TPy9Ho4n>.

5 Mark TERCEK, « Hey environmentalists ! When fundraising, try thinking like capitalists », *LinkedIn*, 21 mai 2020, <s.421.fr/ox19j-KJ>.

6 « Mark Tercek, former CEO of The Nature Conservancy, opens up about what it's like to lead », *loc. cit.*

7 Ben GOSE, « Rebecca Rimel to step down as CEO of Pew Charitable Trusts », *The Chronicle of Philanthropy*, 2 avril 2019, <s.421.fr/bh6xyClW>.

8 Voir <reason.org/about-reason-foundation>.

9 Ken BRAUN, « Dragging Hollywood even further left. Follow the (dark) money », *Capital Research*, 4 mars 2021.

10 Voir <participant.com/film/watson>.

11 Entretien avec l'auteure, 4 septembre 2020.

12 BLOOM, « Notre financement », <www. bloomassociation.org>.

13 Voir <fondation2050.org>.

14 Voir <seaaroundus.org/about-2>.

15 « Les E. Watling », *Pew*, <s.421.fr/_0mR_5PX>.

16 Entretien avec l'auteure, 4 septembre 2020.

17 Voir la fiche de Bloom sur le « registre de transparence » de la Commission européenne, *europa.eu*, <s.421.fr/6lngnrYb>.

12. « L'océan vendu par petits bouts »

1 WWF, « The oceans. Whether we live near or far from the ocean, our lives depend on it », <explore.panda.org/oceans>, 2017.

2 WWF, *Reviving the Ocean Economy. The Case for Action 2015*, 22 avril 2015, p. 12.

3 WWF, « Estimée à près de 24 000 milliards de dollars, la richesse océanique fond néanmoins à vive allure », 23 avril 2015, <s.421.fr/IUp_U6XR>.

4 Entretien avec l'auteure, 9 novembre 2020.

5 Entretien avec l'auteure, 6 octobre 2020.

6 Entretien avec l'auteure, 6 novembre 2020.

7 Entretien avec l'auteure, 17 février 2020.

8 Que j'ai contacté, mais il n'a pas donné suite.

9 WWF et AXA, *Into the Wild. Intégrer la nature dans les stratégies d'investissement*, octobre 2019, <s.421.fr/r_rMBprP>.

10 OCDE, *Financer la biodiversité, agir pour l'économie et les entreprises, rapport préparé pour la réunion des ministres de l'Environnement du G7, les 5 et 6 mai 2019*, 2019, <s.421.fr/M_D8TY63>.

11 GLOBAL CANOPY, *Le Petit Livre de l'investissement pour la nature*, Oxford, 11 janvier 2021, p. 26, <s.421.fr/6E-5NaTJC>.

12 « L'évasion fiscale dans le monde coûte 427 milliards de dollars par an », *Le Monde*, 20 novembre 2020.

13 Adrien SENECAT, « De 14 à 100 milliards d'euros, combien coûtent réellement les niches fiscales ? », *Le Monde*, 11 février 2019.

14 CRÉDIT SUISSE, WWF, MCKINSEY & CO, *Conservation Finance. Moving beyond Donor Funding toward an Investor-Driven Approach*, janvier 2014.

15 MCKINSEY, « Valuing nature conservation, a methodology for quantifying the benefits of protecting the planet's natural capital », septembre 2020.

16 CRÉDIT SUISSE, « Investors and the blue economy », 2020.

17 Entretien avec l'auteure, 30 mars 2021.

18 Michael W. BECK, Oliver QUAST et Kerstin PFLIEGNER, *Ecosystem-based Adaptation and Insurance. Success, Challenges and Opportunities*, InsuResilience Global Partnership, Bonn, 2019 (avec la participation de The Nature Conservancy).

19 *Ibid.*, p. 13.

20 *Ibid.*, p. 14.

21 « A reef Inssurance Primer. Hurricane damages to reefs, repair and restoration options and costs », The Nature Conservancy/Secretaria de ecologia y medio ambiente (SEMA)/Mas y mejores oportunidades/Quintana Roo, 2020, p. 1.

22 Entretien avec l'auteure, 11 janvier 2021.

23 *Ibid.*

24 Catrin EINHORN et Christopher FLAVELLE, « Race against time to rescue a reef from climate change », *The New York Times*, 5 décembre 2020.

13. Le mirage des « forêts bleues »

1 COMMISSION EUROPÉENNE, *Le Pacte vert pour l'Europe*, *op. cit.*

2 « Qu'est-ce que la neutralité carbone et comment l'atteindre d'ici 2050 ? », Parlement européen, 3 octobre 2019, <s.421.fr/KGseG2tM>.

3 « Les crédits carbone offrent-ils une solution efficace pour lutter contre le réchauffement climatique ? », *Forbes*, 7 décembre 2020.

4 OIL AND GAS CLIMATE INITIATIVE, « Our KickStarter hubs », 2019, <s.421.fr/6TvFYxEM>.

5 Aurélie BARBAUX, « Total, Shell et Equinor pionniers d'une industrie de la séquestration marine de CO_2 », *L'Usine nouvelle*, 17 décembre 2020.

6 ADEME, « Avis technique. Le captage et stockage géologique de CO_2 en France », juillet 2020.

7 TYNDALL CENTER, « A review of the role of fossil fuel based carbone capture and storage in the energy system », Friends of the Earth Scotland et Global Witness, janvier 2021.

8 Entretien avec l'auteure, 6 octobre 2020.

9 IUCN, « Les solutions basées sur la nature, pour lutter contre les changements climatiques et réduire les risques naturels en France », mai 2018.

10 CONSERVATION INTERNATIONAL, « A critical investment in “blue carbon” », s.d., <s.421.fr/M4UShZto>.

11 Marie-Christine CORMIER-SALEM, « Les dérives des politiques environnementales. Chronique des injustices à l’encontre des cueilleuses de mangrove », *in* Thierry SANJUAN, Michel LESOURD et Bernard TALLET (dir.), *Tropiques, développement et mondialisation. Hommages à Jean-Louis Chaléard*, L’Harmattan, Paris, 2018, p. 3.

12 EQUATOR INITIATIVE, « Mikoko Pamoja », UNDP.

13 THE COMMONWEALTH BLUE CHARTER, « Mangrove ecosystems and livelihoods. Case study », s.d.

14 COMMISSARIAT GÉNÉRAL AU DÉVELOPPEMENT DURABLE, « Chiffres clés du climat, France-Europe-Monde », 2020.

15 LIVELIHOODS FUNDS, « 80 millions de palétuviers plantés au Sénégal : quand l’ingénierie sociale et l’innovation permettent de générer des impacts positifs à grande échelle », 17 avril 2019, <s.421.fr/V_hqv4Ka>.

16 *Ibid.*

17 Entretien avec l’auteure, 8 mars 2021.

18 Marie-Christine CORMIER-SALEM, « Les dérives des politiques environnementales », *loc. cit.*, p. 201-219.

19 Entretien avec l’auteure, 8 mars 2021.

20 Entretien avec l’auteure, 23 février 2021.

21 *TVCM Final Report*, janvier 2021.

22 MPA NEWS STAFF, « Funding MPAs by selling blue carbon credits : practitioners from the first projects describe their experience so far », 30 juillet 2020.

23 Entretien avec l’auteure, 23 février 2021.

24 Ralph CHAMI, Thomas COSIMANO, Connel FULLENKAMP, Sena OZTOSUN, « Nature’s solution to climate change », *Finance & Development*, vol. 56, n° 4, decembre 2019.

25 *Ibid.*

14. Les « aires marines protégées », leurres du récit climatique ?

1 Entretien avec l’auteure, 22 septembre 2020.

2 Entretien avec l’auteure, 6 novembre 2020.

3 Entretien avec l’auteure, 6 octobre 2020.

4 Entretien avec l’auteure, 22 septembre 2020.

5 IFREMER, « Les champs de nodules polymétalliques, hauts lieux de la biodiversité », 22 juin 2016, <s.421.fr/4YTW4kar>.

6 « Les champs de nodules polymétalliques abritent une très forte biodiversité marine », *Le Marin*, 21 juin 2016.

7 Marc-Andrej Felix MALLIN, Dennis C. STOLZ, Benjamin S. THOMPSON, Mads BARBESGAARD, « In ocean we trust : conservation, philanthropy, and the political economy of the Phoenix Islands Protected Area », *Marine Policy*, n° 107, 2019.

8 Laurence CARAMEL, « Face à l’élévation du Pacifique, Kiribati achète 20 km^2 de terre de refuge aux Fidji », *Le Monde*, 15 juin 2014.

9 Entretien avec l’auteure, 5 mars 2021.

10 Le fonds d'investissement Prudential a été contacté, mais n'a pas donné suite.

11 Entretien avec l'auteure, 26 avril 2021.

12 Entretien avec l'auteure, 17 mai 2021.

13 Entretien avec l'auteure, 20 mai 2021.

14 Betty QUEFFELEC *et al.*, « Marine spatial planning and the risk of ocean grabbing in the tropical Atlantic », *ICES Journal of Marine Science*, 7 janvier 2021.

15 Nathalie ROS, « Les Seychelles, laboratoire de privatisation des mers », *Neptunus e. revue*, vol. 26, n° 1, 2020.

16 WWF, *Finance durable dans les aires marines protégées en Méditerranée. Guide des gestionnaires d'AMP*, 2015.

17 *Ibid.*, p. 37.

18 BIRDLIFE INTERNATIONAL *et al.*, *Turning the Tide on EU Seas with a Green Recovery*, juin 2020.

19 *Ibid.*

20 *Ibid.*

Conclusion

1 Jérémie FOSSE *et al.*, *Sustainable Blue Tourism*, *op. cit.*

2 « Selon un rapport présenté à Monaco, d'autres formes de pollution marine, en plus des déchets plastiques, augmentent en silence », *Géo*, 3 décembre 2020.

3 Martine VALO, « La pollution de l'océan fait proliférer virus et algues toxiques », *Le Monde*, 3 décembre 2020.

4 Martine VALO, « Dans les océans, la pollution chimique menace toute la chaîne alimentaire », *Le Monde*, 30 avril 2021.

5 Matt LANDOS, Marianne LLOYD-SMITH et Joanna IMMIG, « Polluants aquatiques dans les océans et pêcheries », IPEN, avril 2021, p. iii.

6 Yan GIRON (avec Alain LE SANN et Philippe FAVRELIÈRE), *Blue Charity Business*, *op. cit.*, p. 9.

7 Alain LE SANN, « Le philanthrocapitalisme et les océans, pour le meilleur ou pour le pire », août 2018.

8 Entretien avec l'auteure, 24 mars 2021.

9 Entretien avec l'auteure, 21 mai 2021.

10 « Déclaration de M. Jean Castex, Premier ministre, sur la mobilisation de l'Ifremer dans la politique de la mer, notamment dans le projet de fonds d'investissement pour l'innovation maritime, à Brest, le 6 février 2021 », *La Vie publique*, <urlz.fr/fODI>.

11 COMMISSION EUROPÉENNE, *Communication de la Commission au Parlement européen, au Conseil européen, au Comité économique et social européen et au Comité des régions relative à une nouvelle approche pour une économie bleue durable dans l'Union européenne. Transformer l'économie bleue de l'Union européenne pour assurer un avenir durable*, 17 mai 2021.

12 Entretien avec l'auteure, 24 mars 2021.

13 Entretien avec l'auteure, 21 mai 2021.

14 Entretien avec l'auteure, 22 mai 2021.

15 ADEME, « Les acteurs doivent agir collectivement pour la neutralité carbone, mais aucun acteur ne devrait se revendiquer neutre en carbone », avril 2021.

16 Entretien avec l'auteure, 16 novembre 2020.

Table

MIXTE
Papier issu de sources responsables
FSC® C003309
www.fsc.org

L'éditeur de cet ouvrage s'engage dans une démarche de certification FSC® qui contribue à la préservation des forêts pour les générations futures.

Composition Facompo, Lisieux.
Achevé d'imprimer par CPI Bussière
à Saint-Amand-Montrond (Cher).
Dépôt légal du 1er tirage : octobre 2021
Suite du 1er tirage (03) : septembre 2022
Numéro d'imprimeur : 2067431
Imprimé en France